建筑安装工程施工工长口袋书

防水工长

钟为德　主编

中国建筑工业出版社

图书在版编目(CIP)数据

防水工长/钟为德主编. —北京:中国建筑工业
出版社,2008
(建筑安装工程施工工长口袋书)
ISBN 978-7-112-09966-5

Ⅰ.防… Ⅱ.钟… Ⅲ.建筑防水—工程施工—基本
知识 Ⅳ.TU761.1

中国版本图书馆 CIP 数据核字(2008)第 103154 号

建筑安装工程施工工长口袋书
防 水 工 长
钟为德 主编

*

中国建筑工业出版社出版、发行（北京西郊百万庄）
各地新华书店、建筑书店经销
北京千辰公司制版
北京市彩桥印刷有限责任公司印刷

*

开本:787×960毫米 1/32 印张:5⅛ 字数:120千字
2008年10月第一版 2008年10月第一次印刷
印数:1—3000册 定价:15.00元
ISBN 978-7-112-09966-5
(16769)

本书是建筑安装工程施工工长口袋书 9 个分册中的 1 本。本分册主要介绍的是防水工长应掌握的技术知识与必备的资料。内容包括施工管理，施工工艺，施工质量要求，施工安全技术，防水工程补漏技术，工料计算，附录。

本分册适合从事建筑安装工程施工的工长、技术人员使用，也可供相关专业人员和建筑工人阅读、参考。

*　　*　　*

责任编辑：　武晓涛
责任设计：　董建平
责任校对：　兰曼利　　王　爽

建筑安装工程施工工长口袋书
《防水工长》 编写组

组织编写单位： 北京建工集团培训中心

主 编： 钟为德

参编人员 （按姓氏笔画）：

王金富 王玲莉 孙 强

陆 岑 陈长华 侯君伟

前　言

本套系列图书是应广大建筑安装施工现场技术人员之需而编。共分 9 册，分别是模板工长、钢筋工长、混凝土工长、架子工长、装饰工长、防水工长、砌筑工长、水暖工长、电气工长，这 9 个分册基本涵盖了建筑安装施工现场主要的技术工种，均由北京建工集团培训中心组织编写。之所以叫口袋书，除了在装帧形式上采用如此小的开本方便技术人员在现场携带外，在内容的选取上也是力求简练实用，多数为现场人员必须掌握的技术知识和必备资料。编者希望这样的编写方式能对现场人员的工作带来真切的帮助。

本套系列图书在编写过程中参考了大量的有关参考文献，得到了许多同志的帮助，在此虽未一一列出，编者却由衷地表示感谢。限于编者的水平，书中若有不当或错误之处，热忱盼望广大读者指正，编者将不胜感激。

目　录

8

1 施 工 管 理

1.1 施工计划管理

1.1.1 施工作业计划

（1）计划的分类、作用和主要内容

见表 1-1-1。

施工作业计划的分类、作用和内容 表 1-1-1

类别	中长期计划	年度计划	季度计划	月计划
作用	指明发展方向、经营方针和经营目标	贯彻经营方针，实现经营目标，指导全年施工生产经营活动	贯彻、落实年度计划，控制月计划	指导日常施工生产经营活动，是年、季计划的具体化
内容	（1）经营基本方针； （2）经营目标； （3）市场开拓规划； （4）技术开发规划； （5）人员与装备规划； （6）基地建设规划； （7）多种经营规划；	（1）综合经济效益计划； （2）承包工程计划； （3）施工计划； （4）劳动、工资计划； （5）材料供应计划； （6）机械设备配置计划； （7）技术组织措施计划；	（1）综合经济效益计划； （2）施工计划； （3）劳动生产率及职工人数计划； （4）物资采购运输和供应计划； （5）机械设备能力平衡计划； （6）技术组织措施计划；	（1）基本指标汇总表； （2）施工进度计划； （3）劳动力需要量计划； （4）材料、半成品需要计划； （5）机械设备使用计划； （6）提高劳动生产率降低成本措施计划；

类别	中长期计划	年度计划	季度计划	月计划
内容	（8）企业体制改革和管理手段现代化规划	（8）成本计划； （9）财务计划； （10）附属辅助生产计划； （11）本身基建和企业改造计划； （12）职工培训计划	（7）成本计划； （8）财务收支计划； （9）附属辅助生产计划	（7）工业产品生产计划； （8）财务收支计划； （9）经营业务活动计划

（2）编制前准备工作，编制基本依据和编制程序见表 1-1-2。

编制前准备工作、基本
依据和程序　　　　表 1-1-2

项　目	说　　　明
编制计划前准备工作	（1）编好单位工程预算，进行工料分析，提出降低成本措施。 （2）根据总进度、总平面等的要求确定施工进度和平面布置。 （3）签订分包协议或劳务合同。 （4）主要材料设备和施工机具的准备。 （5）施工测量和抄平放线。 （6）劳动力的配备。 （7）施工技术培训和安全交底等。
编制计划的基本依据	（1）年、季计划；施工组织设计；施工图纸；有关技术资料和上级文件；施工合同等。 （2）上一计划期的工程实际完成情况；新开工程的施工准备工作情况。

项 目	说 明
编制计划的基本依据	（3）计划期内的物资、加工半成品、机械设备的落实情况。 （4）实际可能达到的劳动效率、机械的台班产量；材料消耗定额等
编制计划的程序	

1.1.2 开工、竣工和施工顺序

（1）施工顺序

施工顺序是指一个建设项目（包括生产、生活、主体、配套、庭园、绿化、道路以及各种管道等）或单位工程，在施工过程中应遵循的合理的施工顺序。对于一个工程的全部项目来讲，应该是：

1）首先搞好基础设施，包括红线外的给水、排水、电、电信、煤气热力、交通道路等，后红线内。

2）红线内工程，先全场性的，包括场地平整、道路、管线等，后单项；先地下、后地上。

3）全部工程在安排时要主体工程和配套工程（变电室、热力点、污水处理等）相适应，力争配套工程为施工服务；主体工程竣工时能投产使用。

（2）开竣工应具备的条件

见表1-1-3。

开工和竣工条件　　　　表1-1-3

项　目	说　　　　明
开工条件	（1）有完整的施工图纸或按施工组织设计规定分阶段所必须具备的施工图纸。 （2）有规划部门签发的施工许可证。 （3）财务和材料渠道已经落实，并能按工程进度需要拨料和拨款。 （4）已签订施工协议或有根据设计预算签订的施工合同。 （5）施工组织设计已经批准。 （6）加工订货和设备已基本落实。 （7）有施工预算。 （8）已基本完成施工准备工作，现场达到"三通一平"（即水通、电通、路通，现场平整）
竣工条件	（1）全部完成经批准的设计所规定的施工项目。 （2）工业项目要达到试运转或投产；民用工程要达到使用要求。 （3）主要的附属配套工程，如变电室、锅炉房或热力点、给水排水、燃气、电信等已能交付使用。 （4）建筑物周围按规定进行了平整和清理。做好园林绿化。 （5）工程质量经验收合格

1.2 施工技术管理

1.2.1 施工技术管理的主要工作

见图 1-2-1。

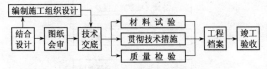

图 1-2-1 施工技术管理的主要工作

1.2.2 施工组织设计

（1）施工组织设计分类

见表 1-2-1。

施工组织设计分类　　　　表 1-2-1

分类项目	说　　　　明
施工组织总设计	它是以整个建设项目或建筑群为对象，要对整个工程施工进行全盘考虑，全面规划、用以指导全场性的施工准备和有计划地运用施工力量开展施工活动，确定拟建工程的施工期限、施工顺序、施工的主要方法，重大技术措施，各种临时设施的需要量及施工现场的总平面布置，并提出各种技术物资的需要量，为施工准备创造条件
施工组织设计（或施工设计）	它是以单项工程或单位工程为对象，用以直接指导单位工程或单项工程的施工，在施工组织总设计的指导下，具体安排人力、物力和建筑安装工作，是制定施工计划和作业计划的依据
分部（项）工程施工设计	是指重要或是新的分项工程或专业施工的分项设计。如基础、结构、装修分部；深基坑挡土支护、钢结构安装，冬期和雨期施工，以及新工艺、新技术等特殊的施工方法等

（2）施工组织设计的主要内容和编制程序
见图 1-2-2。

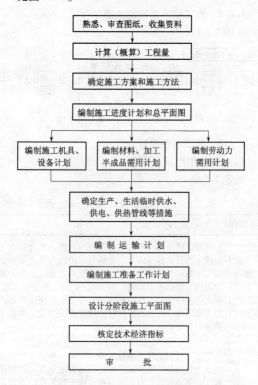

图 1-2-2　施工组织设计的主要内容和编制程序

（3）编制施工组织总设计的条件及主要技术经济指标
编制施工组织总设计所需的自然技术经济条件参考
资料及主要技术经济指标见表 1-2-2。

编制施工组织总设计的参考资料 表1-2-2

类别	名称	内 容 说 明
自然条件资料、地形资料	建设地区地形图	比例尺一般不小于1∶2000，等高线差为5~10m，图上应注明居住区、工业区、自来水厂、车站、码头、交通道路和供电网路等位置
	工程位置地形图	比例尺一般为1∶2000或1∶1000，等高线差为0.5~1.0m，应注明控制水准点、控制桩和100~200m方格坐标网
工程地质资料	建设地区钻孔布置图、工程地质剖面图、地区土层物理力学性质资料，土层试验报告，地震试验	表明地下有无古墓、洞穴、枯井及地下构筑物等，满足确定土方和基础施工方法的要求
水文资料	地下水资料	表明地下水位及其变化范围，地下水的流向、流速和流量，水质分析等
	地面水资料	临近的江河湖泊及距离、洪水、平水及枯水期的水位、流量和航道深度、水质分析等
气象资料	气温资料	年平均、最高、最低温度，最热最冷月的逐月平均温度，冬、夏季室外计算温度，不高于 $-3°C$、$0°C$、$5°C$ 的天数及起止时间等
	降雨资料	雨季起迄时间、全年降水量及日最大降水量，年露暴日数
	风的资料	主导风向及频率、全年8级以上大风的天数及时间

类别	名称	内容　说　明
技术经济资料	地方资源情况	当地有无可供生产建筑材料及建筑配件的资源，如石灰岩、石山、河沙、黏土、石膏及地方工业的副产品（粉煤灰、矿渣等）的蕴藏量。物理化学性能及有无开采价值
	建筑材料构件生产供应情况	（1）当地有无采料场、建筑材料和构配件生产企业，其分布情况及隶属关系、产品种类和规格、生产和供应能力、出厂价格、运输方式、运距、运费等。 　　（2）当地建筑材料市场情况
	交通运输情况	（1）铁路：邻近有无可供使用的铁路专用线，车站与工地的距离，装卸条件、装卸费及运费等。 　　（2）公路：通往工地的公路等级、宽度，允许最大载重量，桥涵的最大承载力和通过能力，当地可提供的运力和车辆修配能力。 　　（3）水运和空运的有关情况
	供水、供电情况	（1）从地区电力网取得电力的可能性、供应量、接线地点及使用条件等。 　　（2）水源及可供施工用水的可能性、供水量、连接地点，现有给水管径、埋深、水压等
	劳动力及生活设施情况	（1）当地可提供的劳动力及劳动力市场情况，可作为施工工人和服务人员的数量和文化技术水平。 　　（2）建设地区现有的可供施工人员用的职工宿舍、食堂、浴室，文化娱乐设施的数量、地点、面积、结构特征、交通和设备条件等

类别	名称	内 容 说 明
技术经济指标	施工工期	从工程正式开工到竣工所需要的时间
	劳动生产率	(1) 产值指标 建安工人劳动生产率 $= \dfrac{\text{自行完成施工产值}}{\text{建安工人（包括徒工、民工）平均人数}}$（元/人） (2) 实物量指标 ①工人劳动生产率 $= \dfrac{\text{完成某工种工程量}}{\text{某工种平均人数}}$（工程量/人） ②单位工程量用工 $= \dfrac{\text{全部劳动工日数}}{\text{竣工面积}}$（工日/单位工程量）
	劳动力不均衡系数 K	$K = \dfrac{\text{施工期高峰人数}}{\text{施工期平均人数}}$
	降低成本额和降低成本率	降低成本额 = 预算成本 - 计划成本 降低成本率 $= \dfrac{\text{降低成本额}}{\text{预算成本}} \times 100\%$
	其他指标	(1) 机械利用率 $= \dfrac{\text{某种机械平均每台班实际产量}}{\text{某种机械台班定额产量}} \times 100\%$ (2) 临时工程投资比 $= \dfrac{\text{全部临时工程投资}}{\text{建安工程总值}}$ (3) 机械化施工程度 $= \dfrac{\text{机械化施工完成工作量（实物量）}}{\text{总工作量（实物量）}}$ $\times 100\%$

1.2.3 技术交底

在条件许可的情况下，施工单位最好能在扩大初步设

9

计阶段就参与制定工程的设计方案，实行建设单位、设计单位、施工单位"三结合"。这样，施工单位可以提前了解设计意图，反馈施工信息，使设计能适应施工单位的技术条件、设备和物资供应条件，确保设计质量，避免设计返工。

施工单位应根据设计图纸施工准备，制定施工方案，进行技术交底。技术交底分工和内容见表 1-2-3。

技术交底分工和内容　　　表 1-2-3

交底部门	交底负责人	参加单位和人员	技术交底的主要内容
施工企业（公司）	总工程师	有关施工单位的行政、技术负责人、公司职能部门负责人	（1）由公司负责编制的施工组织设计。 （2）由公司决定的重点工程，大型工程或技术复杂工程的施工技术关键性问题。 （3）设计文件要点及设计变更治商情况。 （4）总分包配合协作的要求、土建和安装交叉作业的要求。 （5）国家、建设单位及公司对该工程的工期、质量、成本、安全等要求。 （6）公司拟采取的技术组织措施
项目经理部	主任工程师（总工程师）	单位工程负责人、技术员、质量检查员、安全员、职能部门的有关人员、内部协作（或分包）人员	（1）由项目经理部编制的施工组织设计或施工方案。 （2）设计文件要点及设计变更、洽商情况。 （3）关键性的技术问题，新操作方法和有关技术规定。 （4）主要施工方法和施工程序安排。 （5）保证进度、质量、安全、节约的技术组织措施。 （6）材料结构的试验项目

交底部门	交底负责人	参加单位和人员	技术交底的主要内容
基层施工单位	项目技术负责人或技术员	参与施工的各班组负责人及有关技术骨干工人	（1）落实有关工程的各项技术要求。 （2）提出施工图纸上必须注意的尺寸，如轴线、标高、预留孔洞、预埋件镶入构件的位置、规格、大小、数量等。 （3）所用各种材料的品种、规格、等级及质量要求。 （4）混凝土、砂浆、防水、保温、耐火、耐酸、防腐蚀材料等的配合比和技术要求。 （5）有关工程的详细施工方法、程序、工种之间、土建与各专业单位之间的交叉配合部位，工序搭接及安全操作要求。 （6）各项技术指标的要求，具体实施的各项技术措施。 （7）设计修改、变更的具体内容或应注意的关键部位。 （8）有关规范、规程和工程质量要求。 （9）结构吊装机械、设备的性能，构件重量，吊点位置，索具规格尺寸，吊装顺序，节点焊接及支撑系统，以及注意事项。 （10）在特殊情况下，应知应会应注意的问题

1.2.4 材料检验管理和工程档案工作

材料检验管理和工程档案工作，见表1-2-4。

材料检验管理与工程档案工作　　表1-2-4

项目	类别	说　　明
材料检验管理	有关结构、防水、装饰材料的检验管理	（1）用于施工的原材料、成品、半成品、设备等，必须由供应部门提出合格证明文件。对没有证明文件或虽有证明文件但技术领导或质量管理、试验部门认为有必要复验的材料，在使用前必须进行抽查、复验、证明合格后才能使用。 （2）钢材、水泥、砖、焊条等结构用的材料除应有出厂证明或检验单外，还要根据规范和设计要求进行检验。 （3）高低压电缆和高压绝缘材料，要进行耐压试验。 （4）混凝土、砂浆、防水材料的配合比，应先提出试配要求，经试验合格后才能使用。 　　混凝土试块要按现行《混凝土结构工程施工质量验收规范》(GB 50204) 的有关要求留置和检验。 （5）钢筋混凝土构件及预应力钢筋混凝土构件也应按上述规范进行抽样试验。 （6）必须对预制厂等工厂生产的成品、半成品进行严格检查，签发出厂合格证。不合格的不能出厂。 （7）新材料、新产品、新构件，要在对其做出技术鉴定，制定出质量标准及操作规程后，才能在工程上使用。 （8）在现场配制的建筑材料，如防水材料、防腐蚀材料、耐火材料、绝缘材料、保温材料、润滑材料等，均应按试验室确定的配合比和操作方法进行施工。 （9）加强对工业设备和施工机械的检查、试验和试运转工作。设备运到现场后，安装前必须按有关技术规范、规程进行检查验收，做好记录

项目	类别	说　　　明
工程档案	有关建筑物合理使用，维护、改建扩建的参考文件资料，工程竣工时提交建设单位保存	（1）施工执照，地质勘探资料。 （2）永久水准点的坐标位置，建筑物、构筑物及其基础深度等的测量记录。 （3）竣工部分一览表（竣工工程名称、位置、结构层次、面积或规格，附有的设备装置和工具等）。 （4）图纸会审记录、设计变更通知单和技术核定单。 （5）隐蔽工程验收记录（包括打桩、试桩、吊装记录）。 （6）材料、构件和设备质量合格证明（包括出厂证明、质量保证书）。 （7）成品及半成品出厂证明及检验记录。 （8）工程质量事故调查和处理记录。 （9）土建施工必要的试验、检验记录： 1）结构混凝土及砂浆试块强度记录，按施工顺序排列编号，注明结构部位，将试验室的试验单原件及汇总表装订成册； 2）混凝土抗渗试验资料； 3）土质干密度试验资料，在基础施工时应分步取样并绘制部位图存档； 4）沥青玛琋脂试验记录； 5）耐酸耐碱试验记录。 （10）设备安装及暖气、卫生、电气、通风工程施工试验记录。 （11）施工记录。一般应包括以下内容： 1）地基处理记录。主要是指基础验槽时设计单位和勘探单位的处理意见，必要时绘制地基处理图；特殊地层处理如打桩、暗滨处理加固、重锤夯实等，按操作要求记录，有分包配合施工者，由总包和分包单位一起做验收记录；

项目	类别	说 明
工程档案	有关建筑物合理使用、维护、改建扩建的参考文件资料，工程竣工时提交建设单位保存	2）工程质量事故、安全事故处理记录。事故部位、发生原因、处理办法、处理后的情况应用文字或图表记录，必要时用照片和录像做好记录； 3）预制构件吊装记录。主要指厂房、大型预制构件的吊装过程记录，焊接记录和测试、验收记录； 4）新技术、新工艺及特殊施工项目的有关记录，如滑模、升板工程的偏差记录等； 5）预应力构件现场施工及张拉记录； 6）构件荷载试验记录。 （12）建筑物、构筑物的沉降和变形观测记录。 （13）未完工程的中间交工验收记录。 （14）由施工单位和设计单位提出的建筑物、构筑物使用注意事项文件。 （15）其他有关该项工程的技术决定。 （16）竣工验收证明。 （17）竣工图
	为系统积累经验由施工单位保存的技术资料	（1）施工组织设计、施工设计和施工经验总结。 （2）本单位初次采用或施工经验不足的新结构、新技术、新材料的试验研究资料，施工操作专题经验总结。 （3）技术革新建议的试验、采用、改进的记录。 （4）有关的重要技术决定和技术管理的经验总结。 （5）施工日志等
	大型临时设施档案	包括工棚、食堂、仓库、围墙、钢丝网、变压器、水电管线的总平面布置图、施工图、临时设施有关的结构构件计算书，必要的施工记录

1.3 安全管理

1.3.1 安全技术责任制

（1）企业单位各级领导人员在管理生产的同时，必须负责管理安全工作，认真贯彻执行国家有关劳动保护的法令和制度，在计划、布置、检查、总结、评比生产的同时要计划、布置、检查、总结、评比安全工作。

（2）企业单位的生产、技术、设计、供销、运输、财务等有关专职机构，应在各自专业范围内对实现安全生产的要求负责。

（3）企业单位各生产小组都应该设有不脱产的安全员。小组安全员在生产小组长的领导和劳动保护干部的指导下，应当在安全生产方面以身作则，起模范带头作用，并协助小组长做好下列工作：经常对本组工人进行安全生产教育；督促他们遵守安全操作规程和各种安全生产制度；正确地使用个人防护用品；检查和维护本组的安全设备；发现生产中有不安全情况的时候，及时报告；参加事故的分析和研究，协助领导实现防止事故的措施。

1.3.2 安全技术措施计划

（1）企业单位在编制生产、技术、财务计划的同时，必须编制安全技术措施计划。安全技术措施所需的设备、材料，应该列入物资、技术供应计划，对于每项措施，应该确定实现的限期和负责人。企业的领导人应该对安全技术措施计划的编制和贯彻执行负责。

（2）安全技术措施计划的范围，包括以改善劳动条件（主要指影响安全和健康的）、防止伤亡事故、预防职业病和职业中毒为目的的各项措施，不要与生产、基建和福利等措施混淆。

（3）安全技术措施计划所需的经费，按照现行规定，属于增加固定资产的，由国家拨款；属于其他零星支出的，摊入生产成本。企业主管部门应该根据所属企业安全技术措施的需要，合理地分配国家的拨款。劳动保护费的拨款，企业不得挪作他用。

1.3.3　安全生产教育

（1）企业单位必须认真地对新工人进行安全生产的入厂教育，车间教育和现场教育，并且经过考试合格后，才能准许其进入操作岗位。

（2）对于燃气、起重、锅炉、受压容器、焊接、车辆驾驶、爆破、瓦斯检验等特殊工种的工人，必须进行专门的安全操作技术训练，经过考试合格后，才能准许他们操作。

（3）企业单位都必须建立安全活动日和在班前班后会上检查安全生产情况等制度，对职工经常进行安全教育。并且注意结合职工文化生活，进行各种安全生产的宣传活动。

（4）在采用新的生产方法、添设新的技术设备、制造新的产品或调换工人工作的时候，必须对工人进行新操作法和新工作岗位的安全教育。

1.3.4　安全生产检查

（1）企业单位对生产中的安全工作，除进行经常的检查外，每年还应该定期地进行二至四次群众性的检查，这种检查包括普遍检查、专业检查和季节性检查，这几种检查可以结合进行。

（2）开展安全生产检查，必须有明确的目的、要求和具体计划，并且必须建立由企业领导负责，有关人员参加的安全生产检查组织，以加强领导，做好这项工作。

（3）安全生产检查应该始终贯彻领导与群众相结合的原则，依靠群众，边检查，边改进，并且及时地总结和推广先进经验。有些限于物质技术条件当时不能解决的问题，也应该订出计划，按期解决，必须做到条条有着落，件件有交代。

1.3.5 伤亡事故调查和处理

（1）企业单位应该严肃、认真地贯彻执行国务院发布的"工人职员伤亡事故报告规程"。事故发生以后，企业领导人应该立即负责组织职工进行调查和分析，认真地从生产、技术、设备、管理制度等方面找出事故发生的原因；查明责任，确定改进措施，并且指定专人，限期贯彻执行。

（2）对于违反政策法令和规章制度或工作不负责任而造成事故的，应该根据情节的轻重和损失的大小，给予不同的处分、直至送交司法机关处理。

（3）时刻警惕一切犯罪分子的破坏活动，发现有关破坏活动时，应立即报告公安机关，并积极协助调查处理。对于那些思想麻痹、玩忽职守的有关人员，应该根据具体情况，给予相应处分。

（4）企业的领导人对本企业所发生的事故应该定期进行全面分析，找出事故发生的规律，订出防范办法，认真贯彻执行，以减少和防止事故。对于在防范事故中表现好的职工，给以适当的表扬或物质鼓励。

1.4 施工工长的主要工作

1.4.1 技术准备工作

见表 1-4-1。

技术准备工作 表 1-4-1

项次	项目	说 明
1	熟悉图纸	工长要熟悉图样内容、要求和特点，参与图样会审要重点关注以下方面： (1) 防水工程详细做法和节点构造； (2) 防水材料的选用； (3) 施工图与说明在内容上是否一致，与其他组成部分间有无矛盾或错误； (4) 总平面图与其他图样在尺寸、标高上是否一致，技术要求是否正确； (5) 施工图中，施工难度大和技术要求高的分项工程和采用新结构、新材料、新工艺的分项工程与企业现有施工技术水平、管理水平能否满足要求，不足之处如何采取特殊技术措施加以保证； (6) 分项工程施工所需材料、设备的数量、规格、来源和供货时间与设计要求是否一致； (7) 分期、分批投产或交付使用的顺序和时间； (8) 设计方、承包方、监理方、分包方之间的协作、配合关系，建设单位、承包方向分包方提供的施工条件
2	熟悉施工组织设计	(1) 生产部署。 (2) 施工顺序。 (3) 施工方法和技术措施。 (4) 施工平面布置

项次	项目	说　　明
3	准备交底	（1）一般工程（工人已熟悉的项目）——准备简要的操作交底和施工要求。 （2）特殊工程（如新技术等）——准备图纸和大样，准备细部做法和要求

1.4.2　班组操作前准备工作

见表 1-4-2。

班组操作前准备工作　　表 1-4-2

项次	项目	说　　明
1	工作面的准备	清理现场，道路畅通，搭设架木，准备好操作面
2	施工机械准备	组织施工机械进场，接上电源进行试运行，并检查安全装置
3	材料和工具准备	材料进场按施工平面图布置要求等进行堆放； 工具按班组人员配备
4	作业条件准备	（1）图样会审后，根据工程特点、计划合同工期及现场环境等，完成各分部工程操作工艺要求及说明 （2）根据防水工程特点和现场施工条件，合理确定施工的流水段划分

1.4.3　调查研究班组人员及工序情况

见表 1-4-3。

调查研究班组人员和工序情况　　表 1-4-3

项次	项目	说　　明
1	调查班组情况	（1）人员配备； （2）技术力量； （3）生产能力

项次	项目	说明
2	研究工序	（1）确定工种之间的搭接次序、时间和部位； （2）协助班组长作好人员安排： ① 根据工作面计划流水和分段； ② 根据流水分段和技术力量进行人员分档； ③ 根据分档情况配备运输、配料、供料的力量

1.4.4 向工人交底

见表 1-4-4。

向工人交底   表 1-4-4

项次	项目	说明
1	计划交底	（1）任务数量。 （2）任务开始、结束时间。 （3）该任务在全部工程中对其他工序的影响和重要程度
2	定额交底	（1）劳动定额。 （2）材料消耗定额。 （3）机械配合台班及每台班产量
3	技术措施和操作方法交底	（1）施工规范、技术规程和工艺标准的有关部分。 （2）有关图纸要求及细部做法。 （3）施工组织设计或施工方案的要求和所采取的提高工程质量、保证安全生产的技术措施。 （4）具体操作部位的施工技术要求及注意事项。 （5）具体操作部位的施工质量要求。 （6）对关键性部位或新结构、新技术、新材料、新工艺推广项目和部位采取的特殊技术措施，必要时，应作文字交底、样板交底以及示范操作交底。 （7）消灭质量通病的技术措施。

项次	项目	说　　　　明
3	技术措施和操作方法交底	（8）施工进度要求。 （9）总分包协作施工组（队）的交叉作业、协作配合的注意事项，以及施工进度计划安排。 （10）安全技术交底主要内容有： ① 施工项目的施工作业特点，作业中的潜在隐含危险因素和存在问题； ② 针对危险因素、危险点应采取的具体预防措施，以及新的安全技术措施等； ③ 作业中应注意的安全事项； ④ 相应的安全操作规程和标准； ⑤ 发生事故后应及时采取的避险和急救措施； ⑥ 定期向由两个以上作业队和多工种进行交叉施工的作业队伍进行书面交底； ⑦ 保持书面安全技术交底签字记录
4	安全生产交底	（1）施工操作和运输过程中的安全事项。 （2）使用机电设备安全事项。 （3）高空作业和消防安全事项
5	管理制度交底	（1）自检、互检、交接检的具体时间和部位。 （2）分部分项质量验收标准和要求。 （3）现场场容管理制度的要求。 （4）样板的建立和要求

1.4.5　施工任务的下达、检查和验收

见表 1-4-5。

施工任务的下达、检查和验收　　　　表 1-4-5

项次	项目	说　　　　明
1	操作中的具体指导和检查	（1）检查抄平、放线、准备工作是否符合要求； （2）工人能否按交底要求进行施工（必要时进行示范）；

项次	项　目	说　　　明
1	操作中的具体指导和检查	（3）一些关键部位是否符合要求，如留槎、留洞、加筋、预埋件等，并及时提醒工人； （4）随时提醒安全、质量和现场场容管理中的倾向性问题； （5）按工程进度及时进行隐、预检和交接检，配合质量检查人员搞好分部分项工程质量验收
2	施工任务的下达与验收	（1）向班组下达施工任务书；任务完成后，按照计划要求、质量标准进行验收； （2）当完成分部分项工程以后，工长一方面须查阅有关资料，如选用的材料和施工是否符合设计要求等，另一方面须通知技术员、质量检查员、施工的班组长，对所施工的部位或项目，按照质量标准进行检查验收，合格产品须填写表格，进行签字，不合格产品要立即组织原施工班组进行维修或返工

1.4.6　做好施工日志工作

施工日志记载的主要内容：

（1）当日气候实况；

（2）当日工程进展；

（3）工人调动情况；

（4）资源供应情况；

（5）施工中的质量安全问题；

（6）设计变更和其他重大决定；

（7）经验和教训。

22

1.5 防水工程施工前准备工作

施工前准备工作主要包括：劳动力准备、材料准备、机具准备、现场作业条件准备和技术准备。

1.5.1 劳动力准备

(1) 专业防水资质要求。防水施工人员应持有建设行政主管部门或其指定单位颁发的执业资格证书或上岗证。防水施工必须由具有相应资质的专业防水施工单位承担。

(2) 根据施工进度计划要求，现场作业条件，安排防水工劳动力计划。

(3) 对新材料、新工艺的防水施工项目，做好工人的实际操作技能示范培训工作。

(4) 以人为本，做好作业面防水工的消防安全教育和职业防护工作。

1.5.2 材料准备

(1) 防水工程所使用的材料，应有产品合格证书和性能检测报告，材料的品种、规格、性能等应符合现行国家产品标准和设计要求。

(2) 对进场的防水材料应按规范要求抽样复验，并提出试验报告，不合格的材料不得在工程中使用。

(3) 对半成品防水材料提前进行加工，并进行质量检查，以保证质量。

(4) 防水的辅助材料和与防水层施工相关的各种材料，其品种、规格、性能等应符合现行国家产品标准和设计要求，而且同样要求合格。

(5) 所有材料的数量都应满足工程实际和正常消耗数量的需要，以保证施工工序顺利地进行，确保工程进度。

（6）材料的保管不能影响材料的性能和安全。卷材要求放在阴凉通风的仓库内，直立堆放，高度不宜超过两层，防水涂料应储存在清洁、密闭的塑料桶内或内衬塑料的铁桶中，保管环境应干燥、通风，并远离火源。

1.5.3 机具准备

防水工程使用的机具品种较多，用途各不相同，根据不同的施工工艺要求，创造性地使用下列机具，以保证防水工程质量。而且根据施工工艺要求，应有选择地使用一部分或大部分，下列机具不是在一次施工过程中全部都必须应用的，就防水工程整体而言，所用的机具不外乎下列品种。常用工具包括：防水施工工具和防水施工机械两大部分。见表1-5-1、表1-5-2。

常用防水工程施工工具　　表1-5-1

序　号	名　　称	主　要　用　途
1	油灰刀	基层清理
2	扫帚	基层清理
3	拖把	基层清理
4	钢丝刷	基层清理
5	油漆刷	涂刷基层
6	铁桶、塑料桶	盛溶剂及涂料
7	沥青桶	装运沥青
8	鸭嘴壶	浇灌沥青胶结料
9	刮板	刮涂防水涂料
10	滚动刷	刷涂料、胶粘剂
11	粉线袋	弹施工控制线
12	滚筒	滚压防水层、使粘结牢固
13	磅秤	称量防水材料
14	钢卷尺	度量尺寸
15	剪刀或切刀	裁剪卷材

序 号	名 称	主 要 用 途
16	长把刷	涂刷防水涂料
17	镏子	密封材料表面修整
18	节能环保沥青锅	熬制沥青玛琋脂
19	手(气)动挤压枪	嵌填密封材料
20	汽油喷灯	热熔卷材
21	火焰喷灯枪	喷熔卷材
22	沥青加热车	冬期运沥青胶结料

常用防水工程施工机械　表 1-5-2

序 号	名 称	主 要 用 途
1	手动喷浆机	喷涂防水材料
2	空气压缩机	清理、拖动其他机械
3	电动搅拌器	搅拌糊状材料
4	手动灌浆泵	灌注防水材料
5	气动灌浆泵	灌注防水材料
6	电动灌浆泵	灌注防水材料
7	手提微型燃烧器	熔融卷材
8	热压焊接机	连接 PVC 防水卷材等

1.5.4　现场作业条件准备

（1）基础、主体结构和屋面应做防水的基层已全部验收合格。

（2）穿出屋面的预埋管件、烟囱、排风口，屋面的女儿墙、水池、电梯间、天沟、变形缝等节点均已按设计要求施工完毕。穿墙洞、穿板洞已修补好。室内厨房、厕浴间等基层细部节点已按设计要求施工并验收合格。

（3）屋面施工现场已清理干净，上料机具、架子、安全围护合格，符合安全要求。

（4）地下防水基层已清理干净，细部节点均按设计要求施工完毕并验收合格。基坑壁支护、架子、安全防护合格到位。

（5）室内厨房、厕浴间等基层验收合格，安全照明也已落实。

（6）对防水施工要求的消防器材、安全设施、机械安装运行、环保措施等全面检查，发现问题立即整改，保证防水施工顺利进行。

1.5.5 技术准备

（1）进行图纸会审，阅读讨论施工图，理解防水做法的技术要求，特别是工序搭接的要求，编制好施工方案。

（2）对照设计和施工验收规范，结合本企业验收标准，分解细化，做到质量验收可操作性强，班组工人易掌握实施。

（3）做好材料、工艺的性能检验、试验工作，做操作样板，总结通病防治预案。

（4）做好班组的安全、质量、进度等交底工作，做到人人心中有数，确保施工紧张有序地进行。

2 施工工艺

防水是建筑产品的一项主要使用功能，它关系到每一个社会成员的生活质量，也直接影响着建筑物的使用寿命。

建筑物的防水工程按其构造分为刚性防水和柔性防水两大类。柔性防水是在建筑物上铺设防水卷材或涂布防水涂料作防水层，刚性防水则是依靠建筑物构件材料自身的密实性、某些构造措施或在建筑构件上抹防水砂浆、浇筑掺有外加剂的混凝土等以达到防水的目的。除了柔性以外的防水都是刚性防水。

按建筑工程的部位不同，建筑防水又可分为：屋面防水、地下防水、厕浴厨房间防水等。

2.1 卷材防水

2.1.1 材料

防水卷材是建筑工程柔性防水的通用品种。

对防水卷材的性能的要求是：水密性好，大气稳定性好，温度稳定性好，力学性能好，施工性好和环保好。

防水卷材通常可分为三大类。即沥青类防水卷材、高聚物改性沥青防水卷材和合成高分子防水卷材。

（1）沥青类防水卷材

1）沥青材料

沥青是一种有机胶结材料，是有机化合物的复杂混合物。在常温下呈固体、半固体或液体形态，颜色呈辉亮褐色。它具有良好的粘结性、塑性、不透水性及耐化学侵蚀性，并能抵抗大气的风化作用。因此，在建筑上被广泛用于防水、防潮和防腐。同时也是沥青基防水材料、高聚物改性沥青防水材料的重要组成部分。

① 沥青分类：沥青按其来源可分为地沥青和焦油沥青。

A. 地沥青。天然沥青、石油沥青（建筑石油沥青、道路石油沥青、普通石油沥青）。

B. 焦油沥青。煤沥青、木沥青、泥炭沥青、页岩沥青。

② 石油沥青：石油沥青是由石油原油炼制出汽油、煤油、柴油及润滑油等后的副产品，再经过处理而成，建筑上主要使用建筑石油沥青及道路石油沥青制成各种防水材料或现场直接配制使用。石油沥青主要技术性能与质量标准见表 2-1-1 所示。

③ 石油沥青的鉴别方法见表 2-1-2、表 2-1-3。

④ 石油沥青的主要技术性质：

A. 稠度。沥青材料的稠度是指其软硬稀稠程度。液体的沥青材料用黏滞度表示，半固体或固体的沥青材料，用针入度表示。

B. 塑性。半固体或固体的沥青，在一定温度与外力作用下的变形能力称为塑性。用延伸度表示。

C. 耐热性。是指沥青在较高温度下发生流淌的性质。用软化点表示。

石油沥青主要技术性能与质量标准　表 2-1-1

名称及标准号码	牌号	针入度25℃时	延伸度25°时不小于（cm）	软化点不低于（℃）	溶解度不小于（%）	闪点开口时不低于（℃）
道路石油沥青（SYB 1661-62）	200	>200	—	—	95	180
	180	161~200	100	25	99	200
	140	121~160	100	25	99	200
	100 甲	81~120	80	40	99	200
	100 乙	81~120	60	40	99	200
	60 甲	41~80	60	45	98	230
	60 乙	41~80	40	45	98	230
建筑石油沥青（SYB 494-85）	30 甲		3	70	99.5	230
	30 乙	25~40				
	10	10~25	1.5	95	99.5	230
普通石油沥青（SYB 4665-625）	75	75	2	60	98	230
	65	65	1.5	80	98	230
	55	55	1	100	98	230

石油沥青外观简易鉴别方法　表 2-1-2

沥青形态	外观简易鉴别法
固体	敲碎、检查新断口，色黑而发亮的质好，暗淡的质差
半固体	膏状体，取少量拉成细丝，丝细长，质量好
液体	黏性强，有光泽，没有沉淀和杂质的好 用一木条插入液体，轻搅几下后提起，成细丝愈长的质量愈好

石油沥青牌号简易鉴别方法　表 2-1-3

牌号	简易鉴别方法	鉴别时的温度
140～100	质软	
60	用铁锤敲击，不碎，只变形	
30	用铁锤敲击，成为较大碎块	15～18℃
10	用铁锤敲击，成为较小碎块，表面黑色而有光	

2）沥青混合材料

①沥青胶又称玛琋脂，是由沥青掺入适量粉状或纤维状填充料拌制而成的混合物，主要用于粘贴防水卷材、嵌缝、补漏，作为沥青防水涂层、沥青砂浆防水涂层的底层等。沥青胶的技术性能和配合比见表 2-1-4、表 2-1-5。

沥青胶的技术性能　表 2-1-4

指标名称	石油沥青胶						焦油沥青胶		
类别 标号	S-60	S-65	S-70	S-75	S-80	S-85	J-55	J-60	J-65
耐热度	用 2mm 厚的沥青胶粘合两张沥青油纸，于不低于下列温度（℃）中，在 1：1 的坡度上，停放 5h，沥青胶不应流淌，油纸不应滑动								
	60	65	70	75	80	85	55	60	65
柔韧性	涂在沥青油纸上的 2mm 厚的沥青胶，在 18±2℃ 时，围绕下列直径（mm）的圆棒用 2s 的时间以均衡速度弯曲成半周，沥青胶不应有裂纹								
	10	15	15	20	25	30	25	30	35
粘结力	用手将两张粘贴在一起的油纸慢慢地一次撕开，从油纸和沥青胶结材料的粘贴面的任何一面的撕开部分，应不大于粘贴面积的 1/2								

热沥青胶配合比参考表（%） **表 2-1-5**

耐热度（℃）	沥青牌号			填　充　料					催化剂（占沥青质量）
	10	30	60	滑石粉	太白粉	粉煤灰	石棉粉	石棉绒	
70	70			30					
70	60		10	20				10	
70	70	5		25					硫酸铜1.5%
70	65	10		25					
70	80			20					
75	70			30					
75	65		5	30					
75	75						25		
75	60	10			30				氧氯化锌1.5%
75	72					28			
75	50	20			30				
80	70			30					
80	70				30				硫酸铜1.5%
80	75			25					氧氯化锌10%
85	80			20					

② 冷底子油是在沥青中加溶剂配制成的稀薄溶液，用于涂刷在水泥砂浆、混凝土或其他基层上，对基层进行处理，以提高防水层与基层的粘结力。冷底子油配合比见表 2-1-6。

冷底子油选材和配合比参考表　表 2-1-6

沥青用量（%）	溶　剂（%）			挥发性能	干燥时间（h）
	煤油、轻柴油	汽油	苯		
石油沥青 10 号或 30 号	10 30	60		慢挥发 快挥发	12 ~ 48 5 ~ 10
			70		

3）沥青防水卷材

这一类卷材有：石油沥青纸胎防水卷材、石油沥青玻璃布胎防水卷材、石油沥青玻璃纤维胎防水卷材、石油沥青麻布胎防水卷材、石油沥青石棉布胎防水卷材等。

沥青防水卷材外观质量和物理性能应符合表 2-1-7 和表 2-1-8 的要求。

沥青防水卷材外观质量
（GB 50207—2002）　**表 2-1-7**

项　目	质 量 要 求
孔洞、硌伤	不允许
露胎、涂盖不匀	不允许
折纹、皱折	距卷芯 1000mm 以外，长度不大于 100mm
裂纹	距卷芯 1000mm 以外，长度不大于 10mm
裂口、缺边	边缘裂口小于 20mm；缺边长度小于 50mm，深度小于 20mm
每卷卷材的接头	不超过 1 处，较短的一段不应小于 2500mm，接头处应加长 150mm

沥青防水卷材物理性能

（GB 50207—2002） 表 2-1-8

项　目		性　能　要　求	
		350 号	500 号
纵向拉力（25±2）℃（N）		≥340	≥440
耐热度（85±2）℃，2h		不流淌，无集中性气泡	
柔度（18±2）℃		绕 φ20mm 圆棒无裂纹	绕 φ25mm 圆棒无裂纹
不透水性	压力（MPa）	≥0.10	≥0.15
	保持时间（min）	≥30	≥30

（2）高聚物改性沥青防水卷材

这类卷材有 SBS 改性沥青防水卷材、APP 改性沥青防水卷材、再生橡胶改性沥青防水卷材、聚氯乙烯（PVC）改性煤焦油防水卷材、改性沥青聚乙烯（PEE）防水卷材等。

高聚物改性沥青防水卷材的外观质量和物理性能应符合表 2-1-9 和表 2-1-10 的要求。

高聚物改性沥青防水卷材外观质量

（GB 50207—2002） 表 2-1-9

项　目	质　量　要　求
孔洞、缺边、裂口	不允许
边缘不整齐	不超过 10mm
胎体露白、未浸透	不允许
撒布材料粒度、颜色	均匀
每卷卷材的接头	不超过 1 处，较短的一段不应小于 1000mm，接头处应加长 150mm

高聚物改性沥青防水卷材物理性能

（GB 50207—2002） **表 2-1-10**

项　目		性　能　要　求		
		聚酯毡胎体	玻纤胎体	聚乙烯胎体
拉力（N/50mm）		≥450	纵向≥350 横向≥250	≥100
延伸率（%）		最大拉力时， ≥30	—	断裂时，≥200
耐热度（℃，2h）		SBS 卷材 90，APP 卷材 110，无滑动、流淌、滴落		PEE 卷材 90， 无流淌、起泡
低温柔度（℃）		BS 卷材 -18，APP 卷材 -5，PEE 卷材 -10。3mm 厚 r = 15mm；4mm 厚 r = 25mm；3s 弯 180°，无裂纹		
不透水性	压力（MPa）	≥0.3	≥0.2	≥0.3
	保持时间（min）	≥30		

（3）合成高分子防水卷材

1）橡胶类：三元乙丙类防水卷材、三元乙丁橡胶防水卷材，丁基橡胶类防水卷材、氯丁橡胶防水卷材、再生橡胶防水卷材。

2）树脂类：氯化聚乙烯防水卷材、聚氯乙烯防水卷材、氯磺化聚乙烯防水卷材、聚乙烯防水卷材。

3）橡胶共混型：氯化聚乙烯—橡胶共混防水卷材、三元乙丙—聚乙烯共混防水卷材。

合成高分子防水卷材的外观质量和物理性能应符合表 2-1-11 和表 2-1-12 的要求。

合成高分子防水卷材外观质量

（GB 50207—2002）　**表 2-1-11**

项　　目	质　量　要　求
折痕	每卷不超过 2 处，总长度不超过 20mm
杂质	大于 0.5mm 颗料不允许，每 1m² 不超过 9mm²
胶块	每卷不超过 6 处，每处面积不大于 4mm²
凹痕	每卷不超过 6 处，深度不超过本身厚度的 30%；树脂类深度不超过 15%
每卷卷材的接头	橡胶类每 20m 不超过 1 处，较短的一段不应小于 3000mm，接头应加长 150mm；树脂类 20m 长度内不允许有接头

合成高分子防水卷材物理性能

（GB 50207—2002）　**表 2-1-12**

项　　目		性　能　要　求			
		硫化橡胶类	非硫化橡胶类	树脂类	纤维增强类
断裂拉伸强度（MPa）		≥6	≥3	≥10	≥9
扯断伸长率（%）		≥400	≥200	≥200	≥10
低温弯折（℃）		−30	−20	−20	−20
不透水性	压力（MPa）	≥0.3	≥0.2	≥0.3	≥0.3
	保持时间（min）	≥30			
加热收缩率（%）		<1.2	<2.0	<2.0	<1.0
热老化保持率（80℃，168h）	断裂拉伸强度	≥80%			
	扯断伸长率	≥70%			

（4）防水卷材的运输与贮存

1）不同品种、不同标号、不同等级的防水卷材不能混在一起，必须分类运输与保管，其方法按各种类别防水卷材的具体要求进行。

2）储存应在阴凉通风的室内，远离火源。避免日晒、雨淋，注意通风、防潮、防止粘连。

3）防水卷材应避免与化学介质及有机溶剂等有害物质接触。

4）装卸时应轻拿轻放，保证卷材表面、端头完好无损。

2.1.2 施工要点

（1）屋面卷材防水

1）施工方法分类

卷材防水层常用的施工方法有热施工工艺、冷施工工艺和机械固定施工工艺三大系列多种做法，见表2-1-13。

卷材防水施工方法分类表　　　表2-1-13

工艺系列	工艺做法名称
热施工工艺	热玛琋脂粘贴法、热熔法、热风焊接法等
冷施工工艺	冷玛琋脂粘贴法、冷粘法、自粘法等
机械固定施工工艺	不锈金属钉钉压法、材料压埋法等

2）铺贴方法和技术要求

① 铺贴方法：不同的材料品种有不同的适用范围和铺贴方法，施工时应根据不同的设计要求、材料特点、工程部位等因素选定合适的铺贴方法，常用的铺贴方法有满粘法、条粘法、点粘法和空铺法等，其做法特点及适用条件见表2-1-14。

卷材防水层铺贴方法、特点及适用条件 表 2-1-14

铺贴方法	做 法 特 点	适 用 条 件
满粘法	(1) 铺贴下层基面上满涂粘结材料，使卷材与基面全部粘结，不留空隙； (2) 沥青卷材粘结的玛瑞脂，还可提高防水性能； (3) 基层湿度较大，变形较大时，防水层易起鼓、开裂	(1) 热熔法、冷粘法均可采用此方法； (2) 防水面积较小、基层干燥时； (3) 屋面坡度较大或常有大风吹袭时
条粘法	(1) 卷材与基层采用条状粘结，每幅卷材与基层粘结面不少于两条，每条宽度不小于 150mm； (2) 多层时，中间层及面层应满粘，卷材搭接缝处应满粘； (3) 有利于避免防水卷材起鼓、开裂； (4) 操作较复杂	(1) 排汽屋面； (2) 基层有较大变形的屋面
点粘法	(1) 卷材与基层采用点状粘结 (5 点/m²，粘结面积为 10cm×10cm)； (2) 多层时，中间层及面层应满粘； (3) 有利于避免防水卷材起鼓、开裂； (4) 操作较安全	(1) 排汽屋面； (2) 基层有较大变形的屋面
空铺法	(1) 卷材与基层仅在四周一定宽度内粘结，其余部分不粘结； (2) 多层时，中间层及面层应满粘，卷材搭接缝处应满粘，檐口、屋脊等部位应满粘； (3) 有利于避免防水卷材起鼓、开裂； (4) 一旦渗漏，漏点不容易找到	(1) 基层有较大变形振动的层面； (2) 基层湿度大的屋面； (3) 压埋法施工的屋面

② 铺贴技术要求：

A. 卷材防水层施工顺序：先高后低；先细部构造节点、后大面；由檐口向屋脊、由远及近。

B. 卷材铺贴方向：屋面防水卷材的铺贴方向应根据屋面坡度和屋面是否受振动来确定，一般当屋面坡度小于 3% 时，卷材宜平行于屋脊铺贴；屋面坡度在3% ~5% 时，卷材平行或垂直于屋脊铺贴；屋面坡度大于 15% 或受振动时，沥青防水卷材应垂直于屋脊铺贴，高聚合物改性沥青防水卷材和合成高分子防水卷材可平行或垂直屋脊铺贴。

上下层卷材不得互相垂直铺贴。

平行屋脊方向铺贴的卷材长边搭接应顺水流方向，短边搭接应顺主导风向；垂直屋脊铺贴的卷材长边搭接应顺主导风向，短边搭接应顺水流方向。

C. 卷材厚度选用应符合表 2-1-15 的规定。卷材搭接宽度要求，应符合表 2-1-16 要求。

卷材厚度选用表　　表 2-1-15

屋面防水等级	合理使用年限	设防道数	合成高分子防水卷材	高聚物改性沥青防水卷材	沥青防水卷材
Ⅰ级	25 年	三道或三道以上设防	不应小于 1.5mm	不应小于 3mm	—
Ⅱ级	15 年	二道设防	不应小于 1.2mm	不应小于 3mm	—
Ⅲ级	10 年	一道设防	不应小于 1.2mm	不应小于 4mm	三毡四油
Ⅳ	5 年	一道设防	—	—	二毡三油

卷材搭接宽度（mm）　**表 2-1-16**

铺贴方法 卷材种类	短边搭接		长边搭接	
	满粘法	空铺、点粘、条粘法	满粘法	空铺、点粘、条粘法
沥青防水卷材	100	150	70	100
高聚物改性 沥青防水卷材	80	100	80	100
合成 高分子 防水卷材　胶粘剂	80	100	80	100
胶粘带	50	60	50	60
单缝焊	60，有效焊接宽度不小于 25			
双缝焊	80，有效焊接宽度 10×2 + 空腔宽			

　　另外，相邻两幅卷材的短边接头缝应相互错开300mm 以上。多层叠层铺贴时，上下层卷材间的搭接缝应错开 1/3 幅宽以上。

　　D. 卷材铺贴的环境要求：屋面基层必须清理干净，含水率控制在 6% ~ 9% 以内，检验时，将 $1m^2$ 的卷材平坦地干铺在找平层上，静置 3 ~ 4h 后掀开检查，如覆盖部位与卷材上未见水印，即可认为基层已达到干燥。

　　卷材防水施工应选择在晴朗天气下进行，并避开寒冷和酷暑天气。雨、雪天禁止进行施工。五级风以上也不得施工。

　　沥青防水卷材施工温度不低于 5℃，热风焊接法不低于 – 10℃。

　　E. 屋面细部是屋面防水的重要组成部分，细部处理不好会影响大局，影响整体，必须予以足够的重视。几种常见的做法见图 2-1-1 ~ 图 2-1-6。

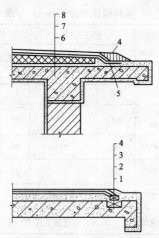

图 2-1-1　混凝土檐口做法

1—防腐木砖；2—防腐木条；
3—20×0.5 薄铁条钉牢；4—胶泥或油膏嵌缝；
5—细石混凝土或砂浆做成凹槽；6—钢筋混凝土基层；
7—保温层；8—卷材防水层

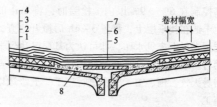

图 2-1-2　天沟做法

1—屋面板；2—保温层；3—找平层；4—卷材防水层；
5—预制薄板；6—天沟卷材附加层；7—天沟卷材防水层；
8—天沟部分轻质混凝土

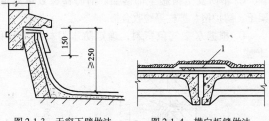

图 2-1-3　天窗下壁做法　　图 2-1-4　横向板缝做法

1—平铺油毡一层，宽 300

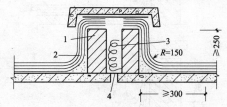

图 2-1-5　屋面变形缝做法

1—砖砌体；2—卷材附加层；3—沥青麻丝；4—伸缩片

3）施工准备工作

①劳动力准备。根据工程进度计划要求、工程量大小、施工方法等，合理调配劳力，进行优化组合。

②材料准备。按定额组织防水卷材和配套胶结材料进场，抽检材料质量，不合格的材料坚决退货，不能使用。

③作业条件准备：

A. 屋面基层的排水坡度、表面平整度、节点细部经检查验收符合质量要求，基层清扫干净无尘土垃圾。

B. 水平运输和垂直运输准备完毕，试车合格。

C. 消防安全措施全部落实。消防器材数量充足，架子、防护网、护栏等验收合格。

D. 根据水文气象资料，确定防水卷材施工日程计划。

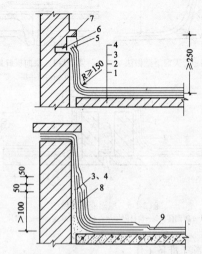

图 2-1-6　屋面与墙面连接处的做法

1—钢筋混凝土基层；2—砂浆找平层；3—二层卷材附加层；
4—一层卷材附加层；5—防腐木砖；6—防腐木条；
7—砂浆封严，−20×0.5 薄铁条压住卷材并钉牢；
8—卷材搭接部分；9—屋面防水卷材

④ 技术准备：

A. 复查施工单位的专业资质证书，操作工人的上岗证书是否齐全有效。了解施工人员的施工经历，干过哪些实际防水工程，做到心中有数。

B. 进行施工方案的技术交底、讨论工艺做法，制定施工程序，质量、安全控制重点。

C. 明确检验内容、检验方法，准备好相应技术资料表格，资料份数。

D. 明确成品保护措施及施工安全注意事项。

⑤ 机械、工具准备：

A. 一般通用机具。油灰刀、扫帚、钢丝刷、钢卷尺、粉线袋、搅拌木棍或电动搅拌器、喷浆机、剪刀、长柄滚刷、油桶、刮板等。

B. 热玛琋脂粘结法专用机具。温度计（300℃）、熬油锅、鼓风机、沥青桶、油壶、运胶车、滚筒（80~100kg，表面包20~30mm厚胶皮）。

C. 冷粘法专用机具。小油漆桶（3L）、油漆刷、钢筋 ϕ30mm×1500mm、射钉枪（小型）、手持压辊、扁平辊、大型压辊（30~40kg）。

D. 热熔法专用机具。热熔法施工时需要冷粘法专用机具，还有自己的专用机具如石油液化气火焰喷枪、液化汽罐、汽油喷灯（3L）、带柄烫板、隔热板等。

E. 自粘法专用机具。除冷粘法工具外，还有手持汽油喷灯、扁头热风枪。

F. 热风焊接法专用机具。自动行进式热风焊机（4W）、手持热风焊枪。

4）沥青卷材施工（热施工）

① 主要施工程序：

基层清理→涂刷冷底子油→浇热玛琋脂→粘贴防水卷材→收边滚压→铺设保护层。

② 施工操作技术要点：

A. 基层找平层必须清理干净，含水率符合铺贴要求，基层平整度、坡度、两个面的转角等应符合质量要求。

B. 涂刷冷底子油的品种要视铺贴的卷材而定，不可错用。涂刷要薄而匀，不得有空白、麻点、气泡，使冷底子油均匀地浸入到找平层中。涂刷时间宜在铺卷材前 1~2d 进行，冷底子油干燥后才能进行防水层的铺贴。

C. 根据卷材防水铺贴的方法不同，浇热玛琦脂的方法也不相同。如采用满粘法是使卷材和基层之间满着玛琦脂。常用浇油法，是用油壶将热玛琦脂以来回"S"状向前浇油到铺贴位置，宽度比油毡每边少约10~20mm，速度不宜太快，与油毡铺贴的速度协调一致。浇油量以卷材粘贴后，中间着满玛琦脂，并使两边少挤出为宜。浇油厚度：多层叠铺时，中间每层厚度宜为 1~1.5mm，面层厚度为 2~3mm。

采用条粘，或点粘，或空铺，请参看表 2-1-14。

D. 粘贴卷材。粘贴时用两手按住卷材，双目正视"油浪"，均匀地用力向前推滚卷材，使卷材与下层（或基层）紧密粘结。为避免铺斜，可以在下层油毡（或基层）上预先弹出控制边线，按线铺贴。

E. 在摊铺卷材时，同时安排其他人员将油毡边挤出的玛琦脂及时刮收，并将卷材边压紧粘牢、刮平、赶出气泡。

F. 铺设保护层。在铺完一段屋面卷材并经检查合格后，立即铺设保护层。铺设时先在表面上涂刷一层 2~3mm 厚的热沥青，然后趁热撒上一层粒径为 3~5mm 经预热干净的小豆石（绿豆砂），并加以拍实，使豆石与沥青胶粘结牢固，未粘结的豆石应随时清扫干净。

5）高聚物改性沥青防水卷材施工（冷施工）

① 主要施工程序：

基层清理→喷刷基层处理剂→附加层处理→弹定位线→基层卷材刷胶粘剂→卷材粘贴辊压→卷材搭接缝处理→蓄水试验→保护层施工。

② 施工操作技术要点：

A. 基层清理要干净，各处节点收头整齐、完整，符合粘贴要求。

B. 基层处理剂用汽油等溶剂稀释胶粘剂制成。涂刷时要均匀一致，切勿反复涂刷，干燥后，再进行下道工序施工。

C. 一些泛水、节点复杂部位进行增强处理，对阴阳角、水落口、管根、天沟等，先粘铺附加层。大小、位置要符合设计规定要求，附加层固化后再铺贴上一层卷材。

D. 根据卷材的层数、屋面的工程量大小进行贴幅位置排列，弹出定位基准线，再进行卷材裁割待用。

E. 将胶粘剂倒在基层上，用橡胶刮板刮开，不露底不堆积，厚度约 0.5mm，不采用满粘时，按规定的位置和面积进行涂刷即可。

F. 根据所用胶粘剂的性能，控制好卷材涂刷与铺贴的时间间隔，一人在前均匀用力推赶铺贴卷材，一人在后用压辊滚压，使其粘结牢固。贴立面时，从下往上均匀用力推赶，平整粘结牢固，气温较低时，可考虑用热熔法辅助进行铺贴。

G. 一幅铺贴完成，检查接缝处粘结情况，对封口不严密处，可重新涂胶补做。

H. 各层防水层完成后，进行蓄水检查试验，合格后及时进行保护层施工。

6）合成高分子防水卷材施工（冷施工）

① 主要施工程序：

基层清理→喷刷基层处理剂→附加层处理→弹定位线→基层和卷材刷胶粘剂→卷材粘贴辊压→卷材搭接缝处理→蓄水试验→保护层施工

② 施工操作要点。合成高分子防水卷材的冷贴法施工和高聚物改性沥青防水卷材的冷贴法施工，均是在常温下进行施工。它们的主要施工程序完全相同，下面强调注意两点：

A. 根据选用的卷材，用与卷材配套的基层处理剂、卷材胶粘剂、接缝胶等，按规定使用，不要用错。

B. 合成高分子防水卷材伸缩性较大，施工中避免由于拉得过紧出现拉应力，再加之使用过程中的后期收缩，使卷材易于老化，易出现裂缝，转角处脱开的现象。在进行立面和平、立面交接处施工时要特别加以注意。

7）防水卷材热熔法施工（热施工）

① 主要施工程序：

基层清理→喷刷基层处理剂→附加层处理→弹定位线→烘烤铺贴卷材→热熔封边→蓄水试验。

② 施工操作要点。采用热熔法施工，可以节省胶粘剂，降低防水工程造价。它是用汽油喷灯或煤气焊枪，对卷材加热，待卷材表面熔化后进行铺贴，其他工序与冷贴法施工相同。下面强调几点：

A. 铺贴卷材时，几人一组，先点燃喷灯，调好火焰，一人手持喷灯，对基层与卷材交界处进行烘烤。烘烤时根据火焰温度掌握烘烤距离，一般以 30～40mm 为宜。要往返烘烤，趁柔性卷材熔化时，另有人向前滚铺，并随即用铁滚压实粘牢。

B. 注意烘烤加热要充分、均匀、适度。加热不够时，卷材粘结胶未完全熔化，没有黏性或黏性不够；加热过度，卷材烧焦或烧穿，影响防水施工质量。

用热熔法铺贴的防水卷材，必须是热熔型防水卷材。这种卷材在工厂生产时，卷材底面涂有一层软化点较高的改性沥青热熔胶，如 SBS 改性沥青防水卷材、APP 改性沥青防水卷材等。

8）卷材自贴法施工（冷施工）

① 主要施工程序：

基层清理→喷刷基层处理剂→附加层处理→弹定位线→撕去卷材底部隔离纸铺卷材→接缝口粘结密封→蓄水试验。

② 施工操作技术要点：

A. 基层清理、喷刷基层处理剂、附加层处理，弹定位线这些工序与前面的冷粘法施工相同。

B. 自粘法铺贴卷材仅用于自粘型的卷材铺贴。这种卷材在工厂生产过程中，就在其底面涂有高性能的胶粘剂压敏胶，由于工厂生产，质量易得到保证，它施工简便，厚度稍厚，适应变形能力强，工效高。

铺贴时，几人一组，一人撕去压敏胶表面隔离纸，两人滚铺卷材，一人随后将卷材压实，剥开的隔离纸可及时缠在纸筒芯上，防止过长的隔离纸干扰卷材向前铺贴。

在较低温度下施工，可用喷灯适当加热卷材底面胶粘剂，以增加粘结力。

每铺完一段卷材，用手柄滚刷从端头到末端彻底排除卷材下面的空气，最后再用胶皮压辊压实粘牢。

C. 搭接缝粘贴，先用手持喷灯将搭接部位卷材上的防粘层烧熔，然后掀开搭接缝部位卷材，用扁头热风枪加热底面的胶粘剂，使其平整压实、粘牢。所有搭接部位压实粘牢后，再用密封材料封边。

自粘型卷材较薄，应注意成品保护。

9）卷材热风焊接施工（热施工）

热风焊接是指采用热空气焊枪，产生热空气加热塑性卷材，进行卷材与卷材接缝粘结的一种施工方法。它适用于树脂型卷材。热风焊接的接缝质量与防水有直接的因果关系。

① 主要施工程序：

基层清理→附加层处理→弹定位线→铺放卷材、搭接面清洗→卷材搭接面焊接→接缝收头密封→蓄水试验。

② 施工操作技术要点：

A. 基层清理、附加层处理、弹定位线与前面所说施工要求相同。

B. 卷材铺贴有点式固定法、机械固定法和空铺覆盖法几种。

点式固定法要求每 $1m^2$ 有 5 个点用胶粘剂与基层固定，但檐口、屋脊和屋面转角处及突出屋面的连接处宽度不小于 800mm 范围内均应用胶粘剂将卷材与基层满粘结固定。

机械固定在卷材焊缝上进行，每隔 600～900mm 用冲击钻将卷材与基层打孔，埋入 $\phi 60$ 塑料膨胀塞，加垫片用螺钉固定，然后在固定点上用 150mm 见方的卷材覆盖焊接、密封。

空铺覆盖一般是边铺卷材，边在上面覆盖砂浆（1∶2.5 干硬性水泥砂浆，厚 20mm），一次压光。最后，将覆盖砂浆时留出的接缝进行焊接、密封处理，补做覆盖层。

无论采用哪种方法，大面积铺贴后，搭接缝处用溶剂清洗干净，用焊枪热熔卷材，小压辊压出熔浆即可。

C. 用水泥钉或膨胀螺栓固定铝合金压条压牢卷材尽端进行收头，并用厚度不小于5mm的密封膏密封，然后用砂浆覆盖，抹平封死。

（2）地下工程卷材防水

地下工程卷材防水层是用各种防水卷材与相配套胶结材料胶合于结构基层上，而形成的一种防水层。

1）地下防水卷材的要求

地下防水工程所用卷材的外观与胶粘剂的质量基本与屋面防水工程要求相同。但是它与屋面防水工程使用的高聚物改性沥青防水卷材和合成高分子防水卷材的质量指标有差异。其主要物理性能要求见表2-1-17和表2-1-18。

高聚物改性沥青防水卷材主要物理性能
（GB 50208—2002）　　表 2-1-17

项　目		性　能　要　求		
		聚酯毡胎体卷材	玻纤毡胎体卷材	聚乙烯膜胎体卷材
拉伸性能	拉力（N/50mm）	≥800（纵横向）	≥500（纵向）≥300（横向）	≥140（纵向）≥120（横向）
	最大拉力时伸长率（%）	≥40（纵横向）		≥250（纵横向）
低温柔度（℃）		≤ − 15		
		3mm 厚，$r = 15mm$；4mm 厚，$r = 25mm$；3s，弯 180°，无裂纹		
不透水性		压力 0.3MPa，保持时间 30min，不透水		

合成高分子防水卷材主要物理性能

（GB 50208—2002）　表 2-1-18

项　　目	性　能　要　求				
	硫化橡胶类		非硫化橡胶类	合成树脂类	纤维胎增加类
	JL1	JL2	JL3	SJ1	
拉伸强度（MPa）	≥8	≥7	≥5	≥8	≥8
断裂伸长率（%）	≥450	≥400	≥200	≥200	≥10
低温弯折性（℃）	-45	-40	-20	-20	-20
不透水性	压力 0.3MPa，保持时间 30min，不透水				

2）地下卷材防水方法分类

卷材防水方法，按其与地下围护结构施工的先后顺序分为外防外贴法（简称外贴法）和外防内贴法（简称内贴法）两种。

① 外贴法

在混凝土底板浇筑前，在墙体外侧垫层砌筑高于底板上平面标高 250mm 以上的永久性保护墙，在平面贴防水层时将接头延伸到永久性保护墙的立面上，各层留好接槎尺寸，待结构墙体浇筑后，再将上部卷材按搭接要求直接铺贴到结构墙体上。其构造做法如图 2-1-7所示。

A. 主要施工程序：

砌筑保护墙→抹水泥砂浆找平层→涂刷基层处理剂→补贴附加增强层→铺贴卷材→浇筑平面保护层和抹立面保护层→墙面水泥砂浆找平层→铺贴外墙立面卷材防水层→外墙防水层保护层施工→验收回填。

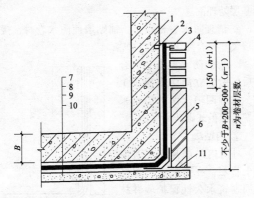

图 2-1-7　外贴法

1—围护结构；2—永久性木条；3—临时性木条；
4—临时保护墙；5—永久性保护墙；6—卷材附加层；7—保护层；
8—卷材防水层；9—找平层；10—混凝土垫层；11—油毡

B. 主要操作技术要点：

a. 在防水结构四周，砌永久性保护墙，高出结构底板面 200 ~ 500mm 左右，并在内表面抹水泥砂浆找平层，转角处圆弧状。

b. 找平层干燥后，根据卷材不同涂刷配套的基层处理剂，均匀一致。

c. 铺贴前，转角处铺贴附加增强层。

d. 卷材先铺平面后铺立面，幅面布局合理，接槎留置位置正确，接缝粘贴牢靠。

e. 卷材铺设完成后，经检查验收合格，进行平、立面保护层施工。一般平面采用细石混凝土，立面抹水泥砂浆。完成后可进行底板、结构外墙的钢筋混凝土施工。

f. 外墙拆模后，用 1：3 水泥砂浆找平，干燥后涂刷基层处理剂。

g. 清理防水卷材接槎，铺贴墙面防水卷材，接缝搭接尺寸符合要求，封口严密。

h. 外墙防水检查验收合格后，做好立面防水保护工作，进行回填。保护层可采用聚乙烯板或砌砖墙保护。

② 内贴法

外防内贴法是先浇筑混凝土垫层，在垫层上沿墙体四周砌筑永久性保护墙并抹水泥砂浆找平层，然后将卷材防水层同时直接铺贴在垫层和永久性保护墙上。其构造做法如图 2-1-8 所示。

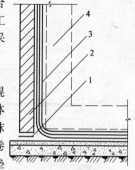

图 2-1-8　内贴法施工示意图
1—平铺油毡层；
2—砖保护墙；3—卷材防水层；
4—待施工的围护结构

A. 主要施工程序：

做混凝土垫层→砌永久性保护墙→抹水泥砂浆找平层→涂刷基层处理剂→附加增强处理→铺设卷材防水层→铺设保护隔离层→浇筑结构混凝土→回填土。

B. 施工操作技术要点：

a. 在结构垫层上砌永久性保护墙，作为结构外胎模板。

b. 在底板及墙面上抹水泥砂浆找平层，阴阳角处抹成圆弧形。

c. 找平层干燥后，涂刷基层处理剂，转角部位铺设附加增强层。

d. 卷材防水层先铺立面后铺平面，排列布幅、接缝位置符合要求。完成后进行验收。

e. 卷材防水层立面采用粘贴聚乙烯泡沫板保护层，平面采用细石混凝土保护层。

f. 按基础设计要求进行基础结构施工及室外回填。

2.1.3 施工质量通病防治

（1）屋面防水通病防治

卷材防水屋面常见质量问题与防治措施见表2-1-19。

屋面卷材防水施工质量
缺陷与预防 表 2-1-19

质量通病	原 因 分 析	防 治 措 施
起鼓	（1）基层潮湿，基层内有水分； （2）卷材粘结不牢，空气未排净； （3）有潮气，雨水浸入； （4）胶粘剂未干燥就铺贴上部卷材； （5）未设隔汽层等	（1）基层应平整、干燥，避免雾天施工； （2）干燥困难，急于铺贴时，可采用排气措施； （3）胶粘剂涂刷均匀，充分固化； （4）细部节点密封严密，阻止潮汽、雨水浸入； （5）顶层湿度大时，应设隔汽层等
流淌	（1）卷材粘贴料耐热度偏低，铺贴涂刷超厚； （2）屋面坡度大，有振动时，卷材铺贴方向错误； （3）未按要求做保护层，辐射温度过高等	（1）选好粘贴料的耐热度，用于立面时再提高 5～10℃；粘贴涂刷厚度控制在 1～1.5mm； （2）屋面坡度 >15% 或有振动时，卷材垂直于屋脊方向铺设； （3）做好保护层等

质量通病	原因分析	防治措施
屋面积水	（1）基层找坡不准，表面不平整有凹点； （2）水落口安设过高，形成倒泛水； （3）雨水管径过小，排水不畅； （4）胶粘剂薄厚不均等	（1）按设计找准坡度，拉线作饼进行找平，泼水验收； （2）水落口安设低于天沟找平层，逐个检查； （3）设计配置数量及管径，经常检查、维修，防止堵塞； （4）胶粘剂均匀，厚度一般 1～1.5mm，注意多幅接缝处超厚等
卷材破损	（1）基层没有清理干净，残留小石子； （2）操作人员穿带有铁钉的鞋； （3）保护层施工操作不当； （4）被上部重物压破等	（1）基层清理干净、平整，刮大风停止施工，复工重新打扫； （2）操作人员穿胶底鞋； （3）做保护层时手推车用软材料包裹易接触防水层的部位； （4）砌架空砖墩时，加垫一块卷材； （5）防水层成活后做好成品保护工作等
天沟漏水	（1）水落口杯没有贴紧基层；	（1）水落口安设时，进水口处比天沟找平层降低 20mm 以上；

质量通病	原因分析	防治措施
天沟漏水	（2）水落口周围卷材粘贴不密实，附加层不到位，卷材未进入水落口内收头； （3）天沟纵向坡度太大，或倒坡； （4）雨水管沉积堵塞等	（2）防水卷材铺贴进入水落口、收头、嵌填密封材料； （3）天沟纵向沟底拉线，作饼找坡、坡度不小于 5‰，水落口周围增大坡度； （4）加强维修管理，清理垃圾杂物等

（2）地下室防水通病防治

地下室工程卷材防水质量通病及预防措施见表 2-1-20。

地下室工程卷材防水层质量缺陷及预防　　表 2-1-20

序号	项目	质量缺陷	防治措施
1	空鼓	（1）基层未清理干净、潮湿，不平整； （2）胶粘剂质量不好，粘贴时间掌握不准	（1）基层清理干净，均匀涂刷基层处理剂，不平整处补抹平整； （2）粘贴涂层均匀，立面必须实铺，平面防止暴晒； （3）胶粘剂必须合格，粘贴时间掌握准确； （4）出现空鼓处剪掉重新铺贴
2	转角处渗漏	（1）卷材未贴密实； （2）未贴附加层； （3）保护不够，有破损； （4）接缝尺寸太短	（1）转角基层抹灰成圆弧状； （2）必须按要求先铺设附加卷材层，并粘贴密实，接缝尺寸不小于 150mm； （3）做好产品保护工作，每层进行检查，不牢、不实处，剪开重新铺贴

2.2 涂膜防水

2.2.1 材料

涂膜防水是用一种流态或半流态物质，通过刮、喷涂在基层表面，经溶剂或水分挥发或各组分间的化学反应等不同机理，形成一定弹性的封闭、连续、不透水的涂膜，使表面与水隔绝，起到防水、防潮作用。

涂膜防水施工操作简便，冷操作，无接缝，能适应复杂基层，防水性能好，温度适应性强，容易修补。

（1）防水涂料的分类

1）根据构成涂料的主要基材成分，分为沥青基防水涂料、高聚物改性沥青防水涂料、合成高分子防水涂料三类。其分类和代表品种情况见表 2-2-1。

防水涂料按基材成分分类　　　表 2-2-1

序号	种类	组分	液态类型	代 表 品 种
1	沥青类		溶剂型	沥青涂料
			水乳型	水性石棉沥青、石灰膏乳化沥青、黏土乳化沥青
2	高聚物改性沥青		溶剂型	氯丁橡胶沥青类、再生橡胶沥青类等
			水乳型	水乳型氯丁橡胶沥青类、水乳型再生橡胶沥青类等
3	合成高分子	单组分	溶剂型	氯磺化聚乙烯橡胶类、氯丁橡胶类、丙烯酸酯类等
			水乳型	氯丁胶乳、丁苯胶乳、丙烯酸酯胶乳、硅橡胶类、丙烯酸酯类
		双组分	反应型	聚氨酯类、焦油聚氨酯类、聚硫橡胶类、硅橡胶类、环氧树脂类、焦油环氧树脂类等

2）根据液态类型，防水涂料又可分为溶剂型、水乳型和反应型三类。其分类情况见表 2-2-2。

防水涂料液态类型分类　　表 2-2-2

序号	类型	状态	特性	代表品种
1	溶剂型	主要成膜物质的高分子材料溶解于有机溶剂中，以分子状态存在于溶液（涂料）中	（1）通过溶剂挥发，经过高分子物质分子链接触、搭接等过程而结膜； （2）涂料干燥快，结膜较薄而致密； （3）生产工艺较简易，贮存稳定性好； （4）易燃、易爆、有毒，生产、贮运及使用时要注意安全； （5）施工时对环境有一定污染	氯磺化聚乙烯橡胶涂料、氯丁橡胶涂料、氯丁橡胶—沥青涂料等
2	水乳型	主要成膜物质以极微小的颗粒（而不是呈分子状态）稳定悬浮（而不是溶解）在水中，成为乳液状涂料	（1）通过水分蒸发，经过固体微粒接近、接触、变形等过程而结膜； （2）涂料干燥较慢，一次成膜的致密性较溶剂型涂料低，一般不宜在5℃以下施工； （3）贮存期一般不超过6个月； （4）可在稍为潮湿的基层上施工； （5）无毒、不燃，生产、贮运、使用比较安全，操作简便，不污染环境； （6）生产成本较低	橡胶沥青涂料、再生橡胶沥青涂料、氯丁橡胶沥青涂料、硅橡胶涂料、丙烯酸酯涂料等

序号	类型	状 态	特 性	代表品种
3	反应型	主要成膜物质以预聚物液态形式存在,多以双组分或单组分构成涂料,几乎不含溶剂	(1) 通过液态的高分子预聚物与相应物质发生化学反应,变成固态物成膜; (2) 可一次结成较厚的涂膜,无收缩,涂膜致密; (3) 双组分涂料需现场配料准确,搅拌均匀,才能确保质量; (4) 生产工艺复杂,价格较高	聚氨酯防水涂料

(2) 防水涂料的物理性能要求

1) 高聚物改性沥青防水涂料的物理性能应符合表 2-2-3 的要求。

高聚物改性沥青防水涂料物理性能

（GB 50207—2002） 表 2-2-3

项 目		性 能 要 求
固体含量（%）		≥43
耐热度（80℃，5h）		无流淌、起泡和滑动
柔性（-10℃）		3mm 厚,绕 φ20mm 圆棒无裂纹、断裂
不透水性	压力（MPa）	≥0.1
	保持时间（min）	≥30
延伸（20±2）℃拉伸值（mm）		≥4.5

2) 合成高分子防水涂料的物理性能应符合表2-2-4 的要求。

58

合成高分子防水涂料物理性能

（GB 50207—2002） 表 2-2-4

项　目		性 能 要 求		
		反应固化型	挥发固化型	聚合物水泥涂料
固体含量（%）		≥94	≥65	≥65
拉伸强度（MPa）		≥1.65	≥1.5	≥1.2
断裂延伸率（%）		≥350	≥300	≥200
柔性（℃）		－30，弯折无裂纹	－20，弯折无裂纹	－10，绕ϕ10mm棒无裂纹
不透水性	压力（MPa）	≥0.3		
	保持时间（min）	≥30		

3）涂膜防水，还可以在各涂层间增设无纺布、纤维网格布等增强层，提高涂膜防水的性能。这种作为胎体增强材料的质量要求应符合表 2-2-5 的要求。

胎体增强材料质量要求

（GB 50207—2002） 表 2-2-5

项　目		性 能 要 求		
		聚酯无纺布	化纤无纺布	玻纤网布
外　观		均匀，无团状，平整无折皱		
拉力（N/50mm）	纵向	≥150	≥45	≥90
	横向	≥100	≥35	≥50
延伸率（%）	纵向	≥10	≥20	≥3
	横向	≥20	≥25	≥3

4）上述表中未列的其他品牌涂料和胎体增强材料应符合相应产品出厂检验报告的具体性能指标要求。

（3）防水涂料和胎体增强材料的运输与贮存

防水涂料和胎体增强材料的运输与贮存，与防水卷材大致相同，可参考防水卷材的注意事项执行。

2.2.2 施工要点

（1）屋面涂膜防水

涂膜防水屋面是采用涂膜防水材料在屋面构造基层上，完成现制涂膜防水层体系的一种屋面防水做法。成为屋面防水的一种重要做法。

1）施工准备工作

包括人力、材料、机具、技术和现场作业条件的准备。详见1.5施工前准备工作。

2）涂膜防水层的施工方法

常用的施工方法有刷涂法、喷涂法、刮涂法等。在施工时，可根据涂料品种、性能、稠度、施工部位等特点，分别选用不同的施工操作方法。

3）屋面防水涂膜施工

防水涂料分为薄质防水涂料和厚质防水涂料两种。薄质防水涂料是指设计防水涂膜总厚度在3mm以下的涂料。防水涂膜总厚度在3mm以上的涂料，一般称为厚质防水涂料。

① 主要施工程序：

基层清理→喷涂基层处理剂→附加层增强处理→涂刷第一遍涂料→干燥后涂刷第二遍涂料→干燥后铺第一层胎体增强材料→涂刷第三遍涂料→干燥后涂刷第四遍涂料→撒铺保护层材料。

② 施工操作技术要点：

A. 基层清理、喷涂基层处理剂、附加层处理与卷材防水施工基本相同。

B. 根据设计要求、现场条件、工艺方法、选用材料试作样板，确定涂刷遍数、时间间隔等施工参数，并得到监理、建设单位认可。

C. 采用单组分涂料，用搅拌器搅拌均匀才能使用。采用胎体增强时，胎体材料在涂膜中层次位置、铺贴方向、附加层位置、搭接尺寸等符合设计或规范要求。

采用双组分涂料时，严格按配合比现场配制。每次配置量应根据工程量、施工速度、涂料固化时间计算确定。涂料组分混合后，搅拌到颜色均匀一致后方可使用。

D. 涂层涂刷应控制好厚度。可采用人工涂刷方法，也可用机械喷涂。

涂刷法施工是在基层上边倒涂料边用刮板刮开、刮均涂料，一次不宜倒得过多，过多使涂料难以均匀展开，更不能图省事一遍涂刷过厚，造成薄厚不均，浪费材料。

E. 铺设胎体增强材料可采用湿铺法或干铺法施工。

湿铺法就是边倒料、边涂刷、边铺贴胎体层的方法。

干铺法就是在上一道涂料干燥后，边铺胎体增强材料，边在已展平的表面上用刮板均匀满刮一道涂料固定胎体。

无论哪种方法，涂料必须浸入胎体网眼，使上下层涂料与胎体融为一体，待干燥后再继续进行下一遍涂料施工。

F. 一般施工顺序按"先高后低、先远后近、先檐口后屋脊、先细部后大面"的原则进行。

G. 涂料的尽端收头要粘结牢固，防止出现翘边现象。常采用密封材料封边、压入预留的凹槽内、压条钉压抹灰等方法。

H. 涂层保护层施工。一般薄质涂料宜用蛭石、云母粉、铝粉及浅色涂料；厚质涂料可用黄砂、石英砂、石屑粉。

在防水涂层涂刷最后一道涂层时，就立即均匀撒布保护材料，并随即用胶辊滚压，使之粘牢，隔日将多余部分扫去。涂刷浅色涂料时，须待防水层最后一道涂膜干燥后进行涂刷，要求不露底，不起泡，未干之前禁止上人踩踏。

（2）地下工程涂膜防水

地下工程涂膜防水层按施涂于结构的内、外分为外防水法和内防水法以及内外双面防水法三种方法。

1）防水涂料

防水涂料分为有机防水涂料和无机防水涂料两类。

有机防水涂料主要包括橡胶沥青类、合成橡胶类和合成树脂类。代表品种有：氯丁橡胶沥青防水涂料、SBS改性沥青防水涂料、聚氨酯防水涂料、硅橡胶防水涂料等。

无机防水涂料主要包括聚合物改性水泥基防水涂料和水泥基渗透结晶型防水涂料。

2）主要施工程序

基层处理→涂刷基层处理剂→涂刷防水涂料→铺胎体增强材料→再涂防水涂料→做保护层。

3）聚氨酯涂膜防水层施工操作要点

① 基层应坚固平整，表面无起砂、疏松、蜂窝麻面等现象，清理干净，含水率不得大于9%。

② 涂刷基层处理剂。把处理剂搅拌均匀，并均匀涂刷在基层表面，待干燥后方可进行下一道工序。

③ 涂刷各层涂膜，刷完第一遍待干燥后，再涂刷第二、三、四遍等涂层，每遍之间都必须干燥，涂刷总遍数，按设计厚度要求。

每遍涂层涂刷时，应交替改变涂层的涂刷方向，同一层涂膜接槎宜为30~50mm。

每遍涂层固化干燥后，应进行检查，如有空鼓、气孔、露底、堆积、固化不良、裂纹等缺陷，修补后方可涂刷下一层。

④ 在涂料层中设有胎体增强层时，在第二遍涂层涂刷后，立即铺贴，铺贴要平展，接缝宽度大于100mm，设有多层胎体增强层时，上下层应错开1/3幅宽。

⑤ 保护层施工，对平面部位，涂膜完成固化合格后，采用细石混凝土进行保护。对立面部分，回填前采用聚乙烯泡沫塑料板作保护层。

（3）楼层厕浴、厨房间涂膜防水

厕浴和厨房间一般有较多穿过楼地面或墙体的管道，平面形状较复杂且面积较小，而且直接影响到每一个家庭的生活和谐。

1）主要施工程序

基层处理→涂刷基层处理剂→细部附加层施工→涂刷防水涂料第一遍→涂刷第二遍→涂刷第三遍→一次试水→合格后做饰面层→二次试水合格后验收。

2) 聚氨酯涂膜防水施工操作要点

① 基层要求同地下防水。凡遇管根周围，要略高于地面，找好坡度；凡遇到阴阳角处，要抹成半径不小于 10mm 的小圆弧。基层必须基本干燥。含水率不大于9%。

② 涂刷基层处理剂，涂刷均匀，待固化干燥后方可进行下一道工序。

③ 地面的地漏、管根的阴阳角做一布二涂防水附加层，两侧各压交界缝 200mm。

④ 涂刷各层涂膜，每遍之间都必须干燥，防水涂膜的总厚度以不小于 1.5mm 为合格，涂刷后形成一个整体的涂膜防水层。涂刷时注意涂刷方向交替改变和接槎宽度要求。在涂刷最后一遍涂膜固化前，及时撒少许干净的 2~3mm 的小豆石或粗砂，以利和保护层更好地粘结。

⑤ 聚氨酯涂膜防水层完全固化后，进行一次蓄水试验，如合格，则可以做保护层和其上的饰面层。

⑥ 饰面层施工完成之后，进行二次蓄水试验，直至合格为止。

2.2.3 施工质量通病防治

（1）屋面工程涂膜防水施工质量通病防治

屋面涂膜防水施工质量通病和防治措施见表 2-2-6。

屋面涂膜防水施工质量通病及防治措施　　　　表 2-2-6

序号	通病	主　要　原　因	防　治　措　施
1	密封材料开裂	（1）材料质量达不到要求，弹性差，老化开裂；	（1）材料需有合格证，检验报告和现场抽样检验，各项指标达到合格要求，才能使用；

序号	通病	主 要 原 因	防 治 措 施
1	密封材料开裂	（2）接缝宽度和形状不能满足实际位移量要求，结构变形时开裂； （3）施工时环境温度过高，嵌缝时密封材料处于高拉伸状态，在低温收缩时，收缩率过大，弹性不足出现开裂	（2）密封材料要有一定的尺寸、体形来保证结构变形； （3）施工环境温度宜选择在 5～35℃，暑期施工宜做成凸圆缝，冬期施工时宜为凹圆缝
2	密封材料脱落、掉块	（1）密封材料夹有杂质、气泡； （2）接缝基层表面酥松、起尘； （3）未涂刷基层处理剂或处理剂与密封材料不配套； （4）多组分密封材料配合设计不准确	（1）基层验收时，对酥松、麻面应剔除重抹，保证基层强度； （2）选择质量合格的密封材料和配套的基层处理剂； （3）准确计量，保证材料配合比例准确； （4）嵌缝已断裂、脱落的地方，应剔除，重新按要求进行密封施工
3	渗漏、粘结不牢	（1）材料质量达不到要求，老化开裂； （2）施工基层不密实平整、不清洁，基层过于潮湿； （3）涂料成膜厚度不足，两涂层施工间隔过长； （4）防水层局部施工受损	（1）材料需有合格证，现场抽检合格，才能使用； （2）基层应事先修补平整，清扫干净，控制含水率小于 9%； （3）一次涂膜宜在 0.3～0.5mm，两涂层间隔不超过 24h； （4）涂膜防水层未固化前不允许上人踩踏

（2）地下工程涂膜防水施工质量通病防治

地下工程涂膜防水施工质量通病及防治措施见表2-2-7。

地下工程涂膜防水施工
质量缺陷及预防　　　表 2-2-7

序号	质量缺陷	原因分析	防治措施
1	气孔、气泡	（1）配料搅拌不当； （2）基层清理不干净，有气孔	（1）选功率大、转速适宜的搅拌器，搅拌时间在3~5min； （2）基层清理干净，气孔用腻子刮嵌密实； （3）每遍涂料固化干燥后，气孔、气泡必须修补
2	起鼓	（1）基层质量不良； （2）基层不干燥； （3）增强层不平展	（1）基层起皮、开裂、蜂窝要提前进行修补； （2）基层含水率控制在9%以内； （3）增强层铺粘平展，无积气现象； （4）发现起鼓，割开重新分层修补
3	翘边	（1）基层未清理干净； （2）处理剂或涂料粘结力差； （3）细部收头、操作不当	（1）基层清理干净，无灰尘； （2）材料质量必须合格； （3）细部收头仔细搭接； （4）发现翘边部分重新粘结牢靠
4	破损	产品保护不当	（1）涂膜防水层施工后，及时验收进行保护层施工； （2）后续工序施工，做好产品保护工作； （3）发现破损，进行增强补修

2.3　刚性防水

2.3.1　地下工程刚性防水

（1）材料要求

1）水泥。使用水泥必须满足国家标准《通用硅酸盐水泥》（GB 175—2007）的规定，还要求其抗水好、泌水性小、水化热低，并具有一定的抗侵蚀性。

2）石子最大粒径不宜大于40mm，含泥量不得大于1.0%，泥块含量不得大于0.5%。

3）砂宜用中砂，无杂质污染，含泥量不得大于3.0%，泥块含量不得大于1.0%。

4）水宜采用不含有害物质的洁净水。

5）掺配料可以提高防水混凝土的抗渗性，改善混凝土颗粒结构，粉煤灰掺量不宜大于20%，砂石粉的掺量不宜大于3%。

6）外加剂，防水混凝土可根据需要掺入一定量的减水剂、密实剂等优化防水混凝土的性能，其掺量和品种应经试验确定。外加剂质量应符合标准要求。

（2）地下工程防水混凝土施工

1）地下工程防水混凝土主要施工程序

·基坑清理→绑扎或焊接钢筋支搭模板→计算施工配合比→混凝土搅拌、运输→混凝土浇筑振捣→混凝土养护、拆模。

2）地下工程防水混凝土施工操作技术要点

① 做好基坑清理和排水工作，严禁地下水及地面水流入基坑，造成积水，影响混凝土质量。

② 防水混凝土拌合物应用机械搅拌，搅拌时间不应少于2min，掺外加剂时，其搅拌时间可延长至3min。

③ 防水混凝土必须按施工配合比准确称量，计量允许偏差为：水泥、水、掺合料均为 ±1%；外加剂为 ±0.5%；砂、石为 ±2%。

④ 防水混凝土运输时，要防止离析及坍落度损失。如出现离析，必须进行二次搅拌。

⑤ 浇筑防水混凝土应按方案，分段、分层、均匀、连续浇筑，底板不允许留施工缝，墙体一般只允许留设水平施工缝，其位置不应留在剪力与弯矩最大处，一般宜留在高出底板表面不小于 200mm 的墙身上，并要做好施工缝的处理，施工缝做成企口式或加金属止水片等。

⑥ 防水混凝土振捣时间宜为 10～30s，以混凝土无明显下沉和不冒气泡为准。

⑦ 防水混凝土浇筑 4～6h 应及时进行覆盖保湿养护，3d 内每昼夜浇水 4～6 次，3d 后每昼夜浇水 2～4 次，养护时间不少于 14d。

⑧ 防水混凝土除按强度要求拆模外，混凝土表面温度与周围气温之差不应超过 15℃；大体积混凝土，应采用降温措施，保证混凝土内、外温度差不大于 25℃，防止产生裂缝。

（3）水泥砂浆刚性抹面防水施工

1）分类和特点

水泥砂浆防水层可分为：普通水泥砂浆防水层和掺外加剂的水泥砂浆防水层两种。

普通水泥砂浆防水层，是利用不同配合比的水泥砂浆和素灰胶浆，在结构基层上互相交替抹压均匀密实，形成一个多层整体的刚性防水层，一般迎水面采用"五层抹灰法"，背水面采用"四层抹灰法"。

掺外加剂砂浆防水层是利用不同配合比的水泥防水砂浆、水泥浆，按要求分别掺入外加剂后，在结构基层上相互交替抹灰均匀密实，构成一个多层整体的刚性防水层。

二者的施工方法基本相同，掺入外加剂后，整体抗渗能力增强。其构造做法如图 2-3-1。

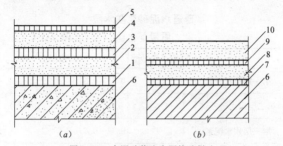

图 2-3-1　水泥砂浆防水层构造做法

(a) 刚性多层防水层；(b) 氯化铁防水砂浆防水层构造

1、3—素灰层；2、4—水泥砂浆层；5、7、9—水泥浆；6—结构基层；
8—防水砂浆垫层；10—防水砂浆面层

2）基层处理

基层处理的目的，是使基层表面达到清洁、平整、湿润、坚实、粗糙，保证基层与防水层粘结牢固，不产生空鼓和透水现象。

① 砖基层处理：

A. 将墙面灰浆剔开留缝，表面污物清除干净，提前充分浇水湿润。

B. 凹凸不平处，用 1 : 3 水泥砂浆分层修补。

C. 清除松酥表土。

② 混凝土基层处理：

A. 混凝土表面凿毛处理，污物清除干净。

B. 表面不平整处，蜂窝、麻面、漏浆等缺陷，分层修抹平整，并浇水湿润。

C. 施工缝处，用錾子凿成凹槽，湿润、分层抹平。

3）材料配合比

常用水泥砂浆配合比见表 2-3-1 ~ 表 2-3-3。

普通水泥砂浆防水层
质量配合比

表 2-3-1

用途	水泥	中砂	水	一般厚度（mm）
第一层用水泥浆	1		0.55 ~ 0.6	2
第二层用水泥砂浆	1	1.5 ~ 2.5	0.4 ~ 0.5	5 ~ 10
第三层用水泥浆	1		0.37 ~ 0.4	2
第四层用水泥砂浆	1	1.5 ~ 2.5	0.4 ~ 0.5	5 ~ 10
第五层用水泥浆	1		0.6 ~ 0.65	1

五矾水玻璃促凝剂质量配合比
及配制方法

表 2-3-2

材　料	配合比	配制方法	备　注
硅酸钠（水玻璃）	400	（1）按配合比将各种矾剂材料称好，放入烧开的 100℃ 的水中，边加热边搅拌至完全溶解； （2）待溶液温度冷却至 50℃ 左右时，将水玻璃倒入容器中搅拌均匀，然后放置 0.5h 即可使用	现配现用，暂不用时，应以密闭塑料、玻璃容器存放在阴凉处
硫酸铝钾（白矾）	1		
硫酸铜（蓝矾）	1		
硫酸亚铁（绿矾）	1		
重铬酸钾（红矾钾）	1		
硫酸铬钾（紫矾）	1		
水	60		

五矾促凝防水砂浆质量配合比 表 2-3-3

材料	水泥	砂	水	防水剂	备注
防水净浆	1		0.3 ~ 0.35	0.01	
防水砂浆	1	2 ~ 2.5	0.4 ~ 0.5	0.01	

4）主要施工程序

基层处理→抹第一层水泥浆→抹第二层水泥砂浆→抹第三层水泥浆→抹第四层水泥砂浆→抹第五层水泥浆→养护。

5）施工操作技术要点

以混凝土墙面防水层为例，砖墙也类似。

① 抹第一层 1mm 厚水泥浆，主要起防水作用。抹之前先将混凝土基层浇水湿润。用铁抹子往返压水泥浆 5 ~ 6 遍，使素灰填挤密实混凝土基层表面的空隙，并增强防水层与基层的粘结力。随即再抹 1.5mm 厚的素灰均匀找平，并用毛刷横向轻轻刷一遍，在其初凝时间内跟着做第二层。

② 抹第二层水泥砂浆。主要保护第一层水泥浆干缩，起养护和加固作用。在接近初凝的第一层水泥浆上轻轻压第二层水泥砂浆，使砂粒压入素灰层，而又不压穿素灰层，使两层间结合牢固，在水泥砂浆初凝前，用扫帚将砂浆层表面扫成横向条纹，待其终凝并具有一定强度后（一般隔一夜）再做第三层。

③ 第三层采用水泥浆，厚 2mm，作用和操作方法与第一层相同，操作时发现有析出的白色薄膜时，需刷洗干净。

④ 第四层采用水泥砂浆，厚 5 ~ 10mm，作用和操作方法与第二层相同。当防水层在迎水面时，则需在第

四水泥砂浆抹压两遍后，用毛刷均匀涂刷第五层水泥浆，随第四层一并压光。

⑤ 在砖基体上做防水层时，第一层是刷水泥浆一层厚度约 $1 \sim 1.5$mm，用木板毛刷分段往返涂刷均匀后，立即做第二层。其他各层同混凝土墙面的操作。

⑥ 防水层必须留施工缝时，平面留槎采用阶梯坡形槎，其接槎的层次要分明，如图 2-3-2。

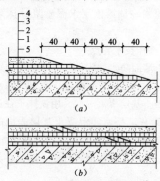

图 2-3-2　防水层留槎与接槎方法

（a）留槎方法；（b）接槎方法

⑦ 各层全部抹完后，要做好养护工作，以保证防水层不出现裂缝，并具有较高的强度。养护温度不宜低于 5℃，养护时间不少于 14d。

2.3.2　屋面刚性防水

（1）材料

刚性防水屋面使用的材料，与地下工程刚性防水使用的材料相同。

（2）细石混凝土防水屋面施工

1）隔离层施工

在结构层与刚性防水层之间做一层隔离层，其作用是减少和防止温度应力、结构变形对刚性防水层的破坏，使结构层与防水层的变形相互不受约束。几种典型做法的操作要点如下：

① 纸筋灰、麻刀灰隔离层施工。

基层清理→湿润→铺 10～15mm 纸筋灰或麻刀灰→压实抹光干燥。

② 水泥砂浆找平层、卷材或塑料薄膜隔离层施工。

基层清理并湿润→做灰饼、冲筋、1：3 水泥砂浆做找平层→压实抹光养护→干铺卷材或塑料薄膜隔离层。

③ 石灰砂浆找平隔离层施工。

基屋清理并湿润→用 1：4 石灰砂浆做找平层→压实抹光干燥。

④ 干砂隔离层施工。

基层用 1：3 水泥砂浆找平→干铺干净中砂 15～20mm 厚压实→空铺一层卷材。

无论哪种隔离层，在后续做刚性防水层时，一定注意要对隔离层进行保护。绑扎钢筋网片时，不得扎破隔离层表面；运输混凝土应设专用运输道；振捣使用表面振捣器，禁止使用内部振捣器，严防振酥隔离层。

2）细石混凝土刚性防水层施工

① 主要施工程序：

基层清理、湿润→做找平层、隔离层→弹分格线→绑扎防水层钢筋网片→支模、放分格缝木条→浇筑混凝土→振捣、抹平压实抹光→养护→拆除木条、模板→涂刷基层处理剂→嵌填密封材料、做盖缝保护层。

② 施工操作技术要点：

A. 在隔离层上弹出分格线。分格线位置应按设计及规范要求设置。一般宜放在支座中心线上或屋脊上，其他各处纵横间距不大于 6m，分格面积不超过 36m²。

B. 钢筋网片加工，绑扎或点焊成形，绑扎钢筋端头长度不应小于 250mm，焊接网片搭接长度不应小于 25d（d 为钢筋直径），搭接接头相互错开。绑扎丝应弯到主筋下边，严防丝头露出锈蚀，形成渗漏点。钢筋网片的安装位置处于防水层混凝土厚度的中偏上，保护层厚度不应小于 15mm，网片在分格缝处断开。浇筑混凝土时，不应使钢筋移位。

C. 刚性防水细石混凝土，按防水等级要求配制，抗渗等级不宜小于 P6，强度等级不低于 C20，掺外加剂。施工前做好施工配合比计算，各种材料的计量必须准确。

浇筑时，按先远后近、先高后低的原则，逐个分格进行。同一分格内一次浇筑完成，严禁留施工缝，有反口直立部分和屋面泛水也应与平面防水层混凝土同时浇筑。

D. 宜采用高频平板振捣器进行表面振捣，使内部密实，表面出浆。捣实后再用铁滚筒来回滚压，十字交叉进行，直至表面平整，出浆均匀。适时用抹子压光第一遍，待混凝土收水初凝后，取出分格条，用铁抹子进行第二遍压光，使混凝土表面平整、光滑、无抹印。压光时不得撒干水泥或加水泥浆。

E. 混凝土终凝后（一般在浇筑后 12h），开始进行养护。可盖草袋等，也可蓄水养护，蓄水深度 50mm 左右。养护期不少于 14d，并禁止上人踩踏。

F. 预留分格缝处理。待防水混凝土干燥并达到设计强度后，采用柔性防水材料进行嵌缝处理。施工顺序一般为：清理分格缝→涂刷配套底油→嵌填柔性材料→

表面细部收口等。

（3）聚合物砂浆防水层施工

聚合物防水砂浆是由水泥、砂和一定量的橡胶胶乳或树脂乳液以及稳定剂、消泡剂等经搅拌混合均匀配制而成。它具有良好的防水性、抗冲击性和耐磨性。

与水泥掺合使用的聚合物品种繁多，有天然和合成橡胶胶乳、热塑性和热固性树脂乳液、水溶性聚合物等。

聚合物水泥砂浆的各项性能，在很大程度上取决于聚合物本身的特性及其在砂浆中的掺入量。掺入量多少应按质量要求确定。

1）氯丁胶乳防水砂浆施工

① 主要施工程序：

基层处理→涂刷乳胶水泥浆→氯丁胶乳砂浆施工→做水泥砂浆保护层→养护。

② 施工操作技术要点：

A. 基层处理：基层应平整坚实、洁净、无灰尘、油污。表面的孔洞、缝隙和穿墙管道周围等应处理完毕。

B. 在处理完的基层表面上，由上而下均匀地涂刷乳胶水泥浆一遍，并仔细封堵孔洞和缝隙。使氯丁胶乳防水砂浆与基层粘结。

C. 涂刷乳胶水泥浆 15min 后，将混合好的氯丁胶乳水泥砂浆抹在基层上，并顺着一个方向一次边抹边压平。一般垂直面每次抹面厚度为 5～8mm，水平面 10～15mm。拌好的砂浆应在 1h 内用完，抹砂浆时应适当分格，分格间距一般为 20～30m。施工顺序为先立墙后地面，阴阳角处防水必须做成圆角。因胶乳成膜较好，抹砂浆时切勿反复搓动，以防砂浆起壳或表面龟裂。

D. 胶乳砂浆施工合格后，在胶乳砂浆层上面须做一层水泥砂浆保护层，一般在胶乳砂浆初凝（4h）后进行，因胶乳砂浆比普通水泥砂浆凝结时间迟缓。

E. 养护：以采用干湿交替的养护方法为宜。早期（施工后 7d 内）保持湿养护；后期则在自然条件下养护，使胶乳在干燥状态下脱水固化。在潮湿地下室施工时，则不需要再采用其他措施，在自然状态下养护即可。

2）丙烯酸酯共聚乳液防水砂浆施工

① 主要施工程序：

基层处理→涂刷水泥浆一道→丙烯酸酯共聚乳液砂浆施工→做保护层→养护。

② 施工操作技术要点：丙烯酸酯共聚乳液防水砂浆施工与氯丁胶乳防水砂浆施工基本相同。

2.3.3 施工质量通病防治

（1）地下室防水工程

1）防水混凝土施工质量通病防治。

防水混凝土常见质量通病及防治措施见表 2-3-4。

防水混凝土的质量缺陷及预防　　表 2-3-4

序号	项目	原因分析	防治措施
1	混凝土不密实	（1）配合比计量不准； （2）振捣不密实，漏振； （3）下料不当，产生离析； （4）模板拼缝不严； （5）钢筋较密，混凝土下浆不畅	（1）严格计量原材料，每班检查不少于二次； （2）分层下料，分层浇筑。自落下料超过 1.5m 时，使用溜槽。振点间距、振捣时间合适； （3）模板拼缝用毡条或胶带封严； （4）钢筋较密处，采用同强度小骨料混凝土浇筑； （5）出现不密实处，应根据情况采取重浇细石混凝土、化学修补等方法进行修补，结构大问题应会同设计部门协商处理

序号	项目	原因分析	防治措施
2	混凝土裂缝	（1）砂率较大，表面收面过早； （2）水泥安定性不合适； （3）大体积温度应力； （4）养护不及时； （5）模板支撑缺乏足够刚度； （6）不均匀沉降； （7）初凝前后外部振动	（1）表面掌握收面时间，宜做二次收面； （2）材料质量送检合格； （3）严格控制表面与内部温度差不大于25℃； （4）做好保湿养护工作； （5）模板必须有足够刚度，土基支设铺垫木板，防止下沉； （6）强度未达到1.2MPa以前，防止振动，不适宜施工； （7）裂缝可采用促凝灰浆或注浆材料封堵
3	施工缝漏水	（1）企口施工缝有损坏现象； （2）二次浇筑混凝土前未进行接触面的处理； （3）膨胀止水条粘贴不密实，接头处理不当，水浸时间过长，膨胀失效； （4）止水铁板焊缝不严	（1）拆模企口有损坏时，应认真修补； （2）严格按施工缝二次浇混凝土的处理方法进行处理； （3）膨胀止水条粘贴封闭，浇混凝土前注意防水； （4）薄钢板全部满焊，认真检查无通路点； （5）采用促凝灰浆或注浆材料进行堵缝

序号	项目	原因分析	防治措施
4	预埋件部位漏水	（1）预埋件未做防锈处理，和混凝土粘结不严密； （2）预埋件周围混凝土不密实； （3）预埋件在混凝土浇筑阶段受外力碰撞，产生间隙； （4）埋管接头泄漏、窜动	（1）预埋件必须除锈； （2）预埋件周围应仔细振捣； （3）预埋件应安装牢固，施工完后防止碰撞； （4）漏水时将埋件周边剔出凹槽，采用促凝灰浆或注浆材料堵漏

2）水泥砂浆刚性防水施工质量通病防治。

水泥砂浆刚性防水层质量通病及防治措施见表 2-3-5。

水泥砂浆刚性防水层质量

缺陷与预防　　　　表 2-3-5

序号	质量缺陷	原因分析	防治措施
1	防水层空鼓、裂缝、渗漏水	（1）基层清理不净、光滑，防水层粘结不牢靠； （2）补凹一次抹灰太厚，产生空鼓； （3）基层未湿润，防水层脱水，强度低； （4）水泥强度低，不安定，砂子太细；	（1）认真浇水，进行"毛化"处理，提前分次浇水湿润，过厚时分层补平。厚度超过 35mm 时应加挂网片处理； （2）尽量选用 42.5 级普通硅酸盐水泥，不同品种水泥不可混用。砂子粒径应在 0.35～0.5mm，含泥量应小于 1%； （3）严格配合比，保证灰浆质量； （4）加强操作过程的检查，发现问题及时处理；

序号	质量缺陷	原因分析	防治措施
1	防水层空鼓、裂缝、渗漏水	（5）配合比不准； （6）结构变形	（5）出现空鼓，应将空鼓部分剔除，边缘成坡形，分层补平抹实； （6）裂缝渗漏处，应采用裂缝漏水的封堵方法修堵； （7）构造裂缝，先加固结构，保证不再产生裂缝后，再用补漏方法修堵
2	阴阳角渗漏水	（1）阴阳角处抹灰层薄厚不均匀，灰浆层露底； （2）接缝留槎不当； （3）养护不到位； （4）灰浆下垂产生裂缝	（1）阴阳角处抹成圆角过渡，操作时留槎位置不能在放大阴阳角处； （2）认真对阴阳角进行养护，保证与大面积表面湿度相同； （3）操作抹面因湿下垂时，调整加水比例，或用水泥干砂吸干； （4）出现渗漏查找原因，补漏修堵
3	预埋件部位渗漏水	（1）预埋件除锈不净； （2）预埋件周边抹压遍数少，底端漏压； （3）灰浆抹层过厚或过薄； （4）预埋件安装不牢，振动后与防水层产生裂缝	（1）安装预埋件前要除锈蚀，并清理干净； （2）预埋件周围与大面积一样遍数到位，灰浆层不宜过厚而收缩，也不宜过薄而露底； （3）预埋件在结构中焊点固定牢靠，防止碰撞振动； （4）漏水时，周边剔环形凹槽，分层补漏修堵

序号	质量缺陷	原因分析	防治措施
4	管道穿墙部位渗漏水	（1）管道周围与防水层接触处漏水原因与预埋件部位渗漏水原因基本相同； （2）管道带法兰处防水层抹灰困难不到位； （3）热力管道伸缩变形，使周边防水层破坏	（1）常温管道防治措施及治理方法与预埋件的要求相同； （2）带有法兰的管道，要仔细抹各种防水灰浆，保证密封； （3）认真按管道穿墙节点大样要求进行施工

（2）屋面防水工程

细石混凝土刚性防水屋面质量通病防治见表2-3-6。

细石混凝土刚性防水屋面
质量缺陷及预防　　　表 2-3-6

序号	项目	原因分析	防治措施
1	防水层裂缝	（1）防水层上、下表面温差较大，温度应力使防水层裂缝；	（1）当温差较大时，可采用涂层材料涂刷表面或设架空板，降低内外温差； （2）地基沉降大的地区、振动大的建筑，尽量不用刚性防水层；

序号	项目	原因分析	防治措施
1	防水层裂缝	（2）结构变形，如地基不均匀沉降，支座负弯矩产生上部拉裂，使防水层裂缝； （3）施工时，配合比设计不当，振捣不密实，压光时机掌握不好，养护不当，使防水层裂缝； （4）分格缝处理不当，柔性材料质量不合格等使防水层裂缝	（3）加强结构层刚度，宜采用现浇屋面板，预制板按规范要求认真安装和灌缝； （4）防水层内配筋按设计要求，安放位置中间偏上； （5）严格控制配合比，材料质量合格，压光和养护到位； （6）分格缝位置、间距必须按设计要求； （7）在防水层与结构层之间必须设置隔离层； （8）对开裂防水层，可按下列方法处理： ①重新用防水水泥砂浆罩面； ②裂缝剔槽，嵌填防水油膏，表面卷材覆盖； ③0.3mm以内用新型渗透结晶防水剂涂刷； ④0.3mm以上按分格缝要求进行重新处理
2	防水层起砂、空鼓	（1）混凝土防水层施工质量不好；特别是没有认真做好压光，压实，收光； （2）养护不好；	（1）认真做好清理、摊铺、振捣、表面滚压和收平压光、养护等工作； （2）宜采用外加剂，使用中、粗砂，含泥量3%以内； （3）浇混凝土应避开炎热、严寒气温施工；

序号	项目	原因分析	防治措施
2	防水层起砂空鼓	(3) 刚性防水层长期暴露在大气中，混凝土表面碳化、酥松	(4) 专人进行养护，并达到14d以上； (5) 做架空防水材料保护层； (6) 起砂时，可将表面毛化、清理湿润加抹10mm厚1:1.5防水砂浆
3	防水层渗漏	(1) 防水层裂缝； (2) 分格缝裂开，嵌缝材料老化，粘结不良，嵌填不实； (3) 女儿墙、天沟、水落口等各种突出屋面的接缝、施工缝处理不当形成裂缝； (4) 刚性防水层不密实	(1) 采取防水层裂缝的措施，保护防水层不裂缝； (2) 认真进行分格缝处施工，选择合格嵌缝材料； (3) 细部节点、施工缝设计、规范要求进行处理； (4) 加强防水层振捣和表面压光，保证混凝土密实性； (5) 发现渗漏时，从裂缝位置、分格缝质量重新加覆防水层进行修补治理

2.4 密封材料嵌缝防水施工

2.4.1 材料

(1) 磺化聚乙烯嵌缝密封膏

特点：水密性、气密性好。

用途：装配式外墙板接缝、混凝土变形缝、窗口和门框周边缝隙，以及玻璃安装工程的密封嵌缝施工。

(2) 水乳型丙烯酸酯密封膏

特点：具有良好的粘结性、延伸性、施工性、耐低温性、抗大气老化性，无污染。可在潮湿的基层上施工。

用途：适用于玻璃、陶瓷、石膏板、塑料、钢铁、铝、混凝土墙板间的防水密封。

（3）聚硫橡胶密封膏

特点：可以制成流变性好的膏体，用于水平接缝，能自动流平，形成光滑平整表面的接缝，流变性小的可用于立缝或斜缝嵌缝，而不塌落下坠。

用途：适用于墙板及屋面板的防水密封，也适用于中空玻璃的密封。

（4）聚氨酯建筑密封膏

特点：根据流变性有非下垂型和自流平型两种。它粘结强度高、延伸率大、耐低温、抗疲劳及使用年限长等优点。

用途：广泛用于建筑的屋面板、楼地板、窗框、卫生间等部位的接缝、施工缝的密封，混凝土裂缝的修补。

（5）硅酮建筑密封膏

特点：具有弹性高、耐水、防震、绝缘、耐高低温和耐老化性强等。

按流变性分为非下垂型和自流平型两种。

用途：建筑接缝用、镶装玻璃用。玻璃幕墙的粘结和密封等。

（6）沥青橡胶防水嵌缝膏

特点：炎夏不流淌，寒冬不脆裂，粘结力强，延性、耐久性、弹塑性好。

用途：预制屋面板、墙板等构件的板缝嵌填；桥梁、涵洞、地下工程的节点防水防渗。

2.4.2 施工要点

密封材料嵌缝防水是在屋面防水体系设计的接缝

上，利用各种密封材料，进行接缝的嵌缝处理。使其达到密封的防水效果。

（1）主要施工程序

缝槽修整清理→缝槽内嵌背衬材料→粘贴防污条→涂刷基层处理剂→用密封材料嵌缝抹平压光→揭除防污条→养护→保护层施工。

（2）施工操作技术要点

① 接缝槽内必须密实、平整，不得有蜂窝、麻面、起砂现象。缝槽宽度和深度尺寸符合设计要求。

② 将背衬材料大小加工成与接缝宽度和深度相等的形状，将其压入到接缝里。背衬材料要密实，表面平整，不留空隙，保证上部密封材料的嵌填形状。

③ 在缝周边铺设防污条，防止密封材料嵌填时随意流淌、外观不整洁。待密封材料嵌入固化后，揭去防污条。

④ 用与嵌缝材料配套的基层处理剂涂刷基层。涂刷时要均匀、不漏涂，无气泡、斑点。目的是保证密封材料与缝基层的粘结牢固。

⑤ 嵌密封材料。嵌填方法有热灌施工和冷嵌施工两种。

热灌施工法需要在现场塑化或加热，达到规定温度后，运至浇灌地点进行热灌嵌缝。大面积工程采用专用灌缝车灌缝，小面积工程采用鸭嘴壶灌缝。灌缝应从最低处开始向上连续进行，尽可能减少接头。先灌垂直屋脊的板缝，后灌平行屋脊的板缝；有纵横交叉处，在灌垂直屋脊板缝时，应向平行屋脊的板缝两端各延伸150mm，并留成斜槎。

冷嵌施工法采用手工嵌缝和机械挤压嵌缝方法进

行。手工嵌缝用腻子刀或刮刀嵌缝，分两次进行，第一次将密封膏搓成条状，用腻子刀嵌入缝内压挤密实，再进行第二次嵌缝，两次嵌缝粘结牢固，高出缝面5mm左右。机械挤压嵌缝时，调整适宜的挤出嘴宽度，紧贴接缝底部，保持一定倾斜度，边挤边以缓慢速度使油膏自由向外逐渐挤出，直至充满整个接缝为止，并高出界面5mm左右。嵌缝完成即可用腻子刀将缝压平与修整，揭去防污条。

⑥ 嵌填的密封材料表面干燥后，按设计要求作表面保护层，进行交工验收。

2.4.3　施工质量通病防治

屋面接缝密封材料防水质量通病及防治措施见表2-4-1。

屋面接缝密封材料防水质量通病
及防治措施　　　　　　表2-4-1

序号	通病	主要原因	防治措施
1	密封材料开裂	（1）材料质量达不到要求，弹性差，老化开裂； （2）接缝宽度和形状不能满足实际位移量要求，结构变形时开裂； （3）施工时环境温度过高，嵌缝时密封材料处于高拉伸状态，在低温收缩时，收缩率过大。弹性不足出现开裂	（1）材料需有合格证，检验报告和现场抽样检验，各项指标达到合格要求，才能使用； （2）密封材料要有一定的尺寸、体形来保证结构变形； （3）施工环境温度宜选择在5～35℃，暑期施工宜做成凸圆缝，冬期施工时宜为凹圆缝

序号	通病	主要原因	防治措施
2	密封材料脱落、掉块	（1）密封材料夹有杂质、气泡； （2）接缝基层表面酥松、起尘； （3）未涂刷基层处理剂或处理剂与密封材料不配套； （4）多组分密封材料配合设计不准确	（1）基层验收时，对酥松、麻面应剔除重抹，保证基层强度； （2）选择质量合格的密封材料和配套的基层处理剂； （3）准确计量，保证材料配合比例准确； （4）嵌缝已断裂、脱落的地方，应剔除，重新按要求进行密封施工

3 施工质量要求

3.1 材料检验要求

3.1.1 沥青材料的质量检验

防水工程用的沥青多采用建筑石油沥青。

（1）石油沥青必须有出厂合格证和检验报告。

（2）按要求进行现场抽样复验合格后，方可使用。

（3）同一批出厂、同一规格牌号的沥青，以20t为一个取样单位。从每个取样单位的不同部位取五处试样，每次所取数量大致相等，共约1kg左右，作为平均试样，送试样到有资质的试验部门进行针入度、延度、软化点试验，达到质量指标要求后，出示试验报告，方可使用。

3.1.2 防水卷材的质量检验

（1）防水卷材必须有出厂合格证和检验报告。

（2）进场后，按要求进行现场抽样复验，合格后，方可使用。大于1000卷抽5卷，每500～1000卷抽4卷，100～499卷抽3卷，100卷以下抽2卷，进行规格尺寸和外观质量检验。在外观质量检验合格的卷材中，任取一卷作物理性能检验，合格后出示正式检验报告。

3.1.3 防水涂料的质量检验

（1）防水涂料的品种、类型必须符合设计要求，有出厂合格证及产品检验报告，进场后按要求进行抽样复验，合格后才能进行施工。

（2）同一规格、品种防水涂料，每10t为一批，不足 10t 者按一批进行抽检。胎体增强材料每 3000m² 为一批，不足 3000m² 者按一批进行抽检。

（3）检验内容指标按产品对应的国家标准进行。抽检项目中如有一项指标不合格，应在受检项目中加倍取样复检，全部达到标准规定为合格，否则，为不合格产品，不能使用。

3.1.4 防水密封材料的质量检验

（1）防水密封材料必须要有产品合格证和检验报告。

（2）进场的改性石油沥青密封膏应抽样复验针入度、软化点和延度三大指标；改性煤焦油沥青密封材料应抽样复检软化点、粘结延伸率和延度，取样规定以同一规格、品种的材料，每 2t 为一批，不足 2t 者按一批进行抽检。进场的合成高分子密封材料应抽样复验延度、针入度，取样规定以同一规格品种的材料每 1t 为一批，不足 1t 者按一批进行抽检。其他品种的密封材料按相应要求进行现场抽检。复验合格者方可用于工程的施工。

3.2 工程质量验收

3.2.1 卷材防水工程

（1）卷材防水屋面

卷材防水屋面主控项目、一般项目质量标准检验方法见表 3-2-1、表 3-2-2。

卷材防水屋面主控项目
质量标准与检验方法　　表 3-2-1

项　目	质　量　标　准	检验方法
材料控制	卷材防水层所用卷材及其配套材料，必须符合设计要求	检查出厂合格证、质量检验报告和现场抽样复检报告

项 目	质 量 标 准	检验方法
防水层要求	卷材防水层不得有渗漏或积水现象	雨后或淋水、蓄水检验
天沟等要求	卷材防水层在天沟、檐沟、檐口、水落口、泛水、变形缝和伸出屋面管道的防水构造，必须符合设计要求	观察检查和检查隐蔽工程验收记录

卷材防水屋面一般项目
质量标准与检验方法　　表 3-2-2

项 目	质 量 标 准	检验方法
搭接缝的要求	卷材防水层的搭接缝应粘（焊）接牢固，密封严密，不得有皱折、翘边和鼓泡等缺陷；防水层的收头应与基层粘结牢固，缝口封严，不得翘边	观察检查
保护层要求	卷材防水层上的撒布材料和浅色涂料保护层应铺撒或涂刷均匀，粘结牢固；刚性保护层的分格缝留置应符合设计要求	观察检查
排汽要求	排汽屋面的排汽道应纵横贯通，不得堵塞。排汽管应安装牢固，位置正确，封闭严密	观察检查
允许偏差	卷材的铺贴方向应正确，搭接宽度的允许偏差为 – 10mm	观察和尺量检查

（2）地下工程卷材防水

地下工程卷材防水主控项目、一般项目质量标准及检验方法见表 3-2-3、表 3-2-4。

卷材防水层主控项目质量
标准及检验方法　　　　表 3-2-3

项　目	质　量　标　准	检验方法
卷材要求	卷材防水层所用卷材及主要配套材料必须符合设计要求	检查出厂合格证、质量检验报告和现场试验报告
细部要求	卷材防水层及其转角处、变形缝、穿墙管道等细部做法均须符合设计要求	观察检查和检查隐蔽工程验收记录

卷材防水层一般项目质量
标准及检验方法　　　　表 3-2-4

项　目	质　量　标　准	检验方法
基层要求	卷材防水层的基层应牢固，基面应洁净、平整，不得有空鼓、松动、起砂和脱皮现象，基层阴阳角处应做成圆弧形	观察检查和检查隐蔽工程验收记录
接缝处理	卷材防水层的搭接缝应粘（焊）接牢固，密封严密，不得有皱折、翘边和鼓泡等缺陷	观察检查
保护层	侧墙卷材防水层的保护层与防水层应粘结牢固，结合紧密，厚度均匀一致	观察检查
允许偏差	卷材搭接宽度的允许偏差为－10mm	观察和尺量检查

3.2.2　涂料防水工程

（1）涂料防水屋面

涂料防水屋面主控项目、一般项目质量标准及检验方法见表 3-2-5、表 3-2-6。

<h3 style="text-align:center">涂料防水屋面主控项目质量
标准与检验方法　　　表 3-2-5</h3>

项　目	质　量　标　准	检验方法
材料	防水涂料和胎体增强材料必须符合设计要求	检查出厂合格证、质量检验报告和现场抽样复验报告
防水层要求	涂料防水层不得有渗漏或积水现象	雨后或淋水、蓄水检验
天沟等构造	涂料防水层在天沟、檐沟、檐口、水落口、泛水、变形缝和伸出屋面管道的防水构造，必须符合设计要求	观察检查和检查隐蔽工程验收记录

<h3 style="text-align:center">涂料防水屋面一般项目
质量标准与检验方法　　　表 3-2-6</h3>

项　目	质　量　标　准	检验方法
厚度	涂料防水层的平均厚度应符合设计要求，最小厚度不得小于设计厚度的 80%	针测法或取样量测
外观	涂料防水层应与基层粘结牢固，表面平整、涂刷均匀，不得有流淌、皱折、鼓泡、露胎和翘边等缺陷	观察检查
保护层	涂料防水层上的撒布材料和浅色涂料保护层应铺撒或涂刷均匀，粘结牢固；水泥砂浆、块材或细石混凝土保护层与涂膜防水层间应设置隔离层；刚性保护层的分格缝留置应符合设计要求	观察检查

（2）地下工程涂料防水

地下工程涂料防水主控项目、一般项目质量标准及检验方法见表3-2-7、表3-2-8。

地下工程涂料防水主控项目质量
标准及检验方法 表 3-2-7

项　　目	质　量　标　准	检验方法
材料要求	涂料防水层所用材料及配合比必须符合设计要求	检查出厂合格证、质量检验报告、计量措施和现场试验报告
细部要求	涂料防水层在其转角处、变形缝、穿墙管道等细部做法均须符合设计要求	观察检查和检查隐蔽工程验收记录

地下工程涂料防水一般项目质量
标准及检验方法 表 3-2-8

项　　目	质　量　标　准	检验方法
基层处理	涂料防水层的基层应牢固，基面应洁净、平整，不得有空鼓、松动、起砂和脱皮现象，基层阴阳角处应做成圆弧形	观察检查和检查隐蔽工程验收记录
质量要求	涂料防水层应与基层粘结牢固，表面平整、涂刷均匀，不得有流淌、皱折、鼓泡、露胎和翘边等缺陷	观察检查
厚度要求	涂料防水层的平均厚度应符合设计要求，最小厚度不得小于设计厚度的80%	针测法或割取20mm×20mm实样用卡尺测量
保护层要求	侧墙涂料防水层和保护层与防水层的粘结牢固，结合紧密，厚度均匀一致	观察检查

92

（3）厨房、卫生间楼地面涂料防水

厨房、卫生间楼地面涂料防水主控项目、一般项目质量标准及检验方法见表3-2-9、表3-2-10。

厨房、卫生间楼地面涂料防水主控项目
质量标准及检验方法　　表3-2-9

项　目	质　量　标　准	检验方法
材料要求	涂料防水层所用材料及配合比必须符合设计要求	检查出厂合格证、质量检验报告、计量措施和现场试验报告
细部要求	涂料防水层在其管道根部、阴阳角、地漏等细部做法均须符合设计要求	观察检查和检查隐蔽工程验收记录

厨房、卫生间楼地面涂料防水一般项目
质量标准及检验方法　　表3-2-10

项　目	质　量　标　准	检验方法
基层处理	涂料防水层的基层应牢固，基面洁净、平整，不得有空鼓、松动、起砂和脱皮现象，基层阴阳角应做成圆弧形	观察检查或检查隐蔽工程验收记录
质量要求	涂料防水层应与基层粘结牢固，表面平整、涂刷均匀，不得有流淌皱折、鼓泡、露胎和翘边等缺陷	观察检查
厚度要求	涂料防水层平均厚度应符合设计要求，最小厚度不得小于设计厚度的80%	针测法或割取20mm×20mm实样用卡尺测量
保护层要求	保护层与防水层的粘结牢固，结合紧密，厚度均匀一致	观察检查

3.2.3 刚性防水工程

（1）防水混凝土屋面

防水混凝土屋面主控项目、一般项目质量标准及检验方法见表3-2-11、表3-2-12。

刚性防水屋面主控项目质量标准与检验方法 表 3-2-11

项目	质量标准	检验方法
原材料	细石混凝土的原材料及配合比必须符合设计要求	检查出厂合格证、质量检验报告、计量措施和现场抽样复验报告
防水层	细石混凝土防水层不得有渗漏或积水现象	雨后或淋水、蓄水检验
天沟等	细石混凝土防水层在天沟、檐沟、檐口、水落口、泛水、变形缝和伸出屋面管道的防水构造，必须符合设计要求	观察检查和检查隐蔽工程验收记录
密封材料	密封材料的质量必须符合设计要求	检查产品出厂合格证、配合比和现场抽样复验报告
嵌填要求	密封材料嵌填必须密实、连续、饱满、粘结牢固、无气泡、开裂、脱落等缺陷	观察检查

刚性防水屋面一般项目质量标准与检验方法 表 3-2-12

项目	质量标准	检验方法
表面要求	细石混凝土防水层应表面平整、压实抹光，不得有裂缝、起壳、起砂等缺陷	观察检查

项 目	质 量 标 准	检验方法
厚度要求	细石混凝土防水层的厚度和钢筋位置应符合设计要求	观察和尺量检查
分格缝	细石混凝土分格缝的位置和间距应符合设计要求	观察和尺量检查
允许偏差	细石混凝土防水层表面平整度的允许偏差为5mm	用2m靠尺和楔形塞尺检查
基层要求	嵌填密封材料的基层应牢固、干净、干燥，表面应平整密实	观察检查
宽度偏差	密封防水接缝宽度的允许偏差为±10%，接缝深度为宽度的0.5~0.7倍	尺量检查
嵌缝表面	嵌缝密封材料表面应平滑，缝边应顺直，无凹凸不平现象	观察检查

（2）地下工程防水混凝土

地下工程防水混凝土主控项目、一般项目质量标准及检验方法见表3-2-13、表3-2-14。

防水混凝土主控项目质量标准及检验方法　　　表3-2-13

项 目	质 量 标 准	检验方法
原材料、配合比及坍落度要求	防水混凝土的原材料、配合比及坍落度必须符合设计要求	检查出厂合格证、质量检验报告、计量措施和现场试验报告
抗压和抗渗要求	防水混凝土的抗压强度和抗渗压力必须符合设计要求	检查混凝土抗压、抗渗试验报告
变形缝、施工缝、后浇带、穿墙管道、埋设件	防水混凝土的变形缝、施工缝、后浇带、穿墙管道、埋设件等设置和构造，均须符合设计要求，严禁有渗漏	观察检查和检查隐蔽工程验收记录

防水混凝土一般项目质量
标准及检验方法 　　表 3-2-14

项　目	质　量　标　准	检验方法
表面要求	防水混凝土结构表面应坚实、平整，不得有露筋、蜂窝等缺陷，埋设件位置应正确	观察和尺量检查
裂缝宽度	防水混凝土结构表面裂缝宽度不应大于 0.2mm，并不得贯通	用刻度放大镜检查
结构厚度	防水混凝土结构厚度不应小于250mm，其允许偏差为 +15mm、−10mm；迎水面钢筋保护层厚度不应小于 50mm，其允许偏差为 ±10mm	尺量检查和检查隐蔽工程验收记录

（3）水泥砂浆防水层

水泥砂浆防水层主控项目、一般项目质量标准及检验方法见表 3-2-15、表 3-2-16。

水泥砂浆防水层主控项目质量
标准及检验方法　　表 3-2-15

项　目	质　量　标　准	检验方法
原材料及配合比要求	水泥砂浆防水层的原材料及配合比必须符合设计要求	检查出厂合格证、质量检验报告、计量措施和现场试验报告
结合要求	水泥砂浆防水层各层之间必须结合牢固，无空鼓现象	观察和用小锤轻击检查

水泥砂浆防水层一般项目质量
标准及检验方法　　　表 3-2-16

项　目	质　量　标　准	检验方法
表面要求	水泥砂浆防水层表面应密实、平整，不得有裂纹、起砂、麻面等缺陷；阴阳角处应做成圆弧形	观察检查
施工缝要求	水泥砂浆防水层施工缝留槎位置应正确，接槎应按层次顺序操作，层层搭接紧密	观察检查和检查隐蔽工程验收记录
厚度要求	水泥砂浆防水层的平均厚度应符合设计要求，最小厚度不得小于设计值的85%	观察和尺量检查

3.2.4　密封材料嵌缝防水

密封材料嵌缝防水主控项目、一般项目质量标准及检验方法见表 3-2-17、表 3-2-18。

密封材料嵌缝防水主控项目质量
标准及检验方法　　　表 3-2-17

项　目	质　量　标　准	检验方法
原材料要求	密封材料及配合比应符合设计要求	检查出厂合格证质量检验报告计量措施和现场试验报告
嵌缝要求	密封材料嵌填必须密实、连续饱满、粘结牢固，无气泡、开裂、脱落等缺陷	观察检查

密封材料嵌缝防水一般项目质量
标准及检验方法 表 3-2-18

项 目	质 量 标 准	检验方法
基层要求	嵌填密封材料的基层应牢固、干净、干燥，表面应平整、密实	观察检查
质量要求	嵌填的密封材料表面平滑，缝边应顺直，无凹凸不平现象	观察检查
宽度和深度要求	密封防水接缝宽度、接缝深度尺寸符合规范要求	用针测法、钢板尺测量

4 施工安全技术

4.1 基本安全要求

（1）材料存放于专人负责的库房，严禁烟火并应挂有醒目的警告标志。

（2）施工现场和配料场地应通风良好，操作人员应穿软底鞋、工作服，扎紧袖口，并应配戴手套及鞋盖。涂刷处理剂和胶粘剂时，必须戴防毒口罩和防护眼镜。外露皮肤应涂擦防护膏。操作时严禁用手直接揉擦皮肤。

（3）患有皮肤病、眼病、刺激过敏者，不得参加防水作业。施工过程中发生恶心、头晕、过敏等现象时，应停止作业。

（4）用热玛琋脂粘铺卷材时，浇油和铺毡人员，应保持一定距离，浇油时，檐口下方不得有人行走或停留。

（5）使用液化气喷枪及汽油喷灯点火时，火嘴不准对人。汽油喷灯加油不得过满，打气不能过足。

（6）装卸溶剂的容器，必须配软垫，不准猛推猛撞。使用容器后，其容器盖必须及时盖严。

（7）高处作业屋面周围边沿和预留孔洞，必须按"洞口、临边"防护规定进行安全防护。

（8）防水卷材采用热熔粘结，使用明火（如喷灯）操作时，应申请办理用火证，并设专人看火。配有灭火

99

器材，周围 30m 以内不准有易燃物。

（9）雨、雪、霜天应待屋面干燥后施工。六级以上大风应停止室外作业。

（10）下班清洗工具。未用完的溶剂，必须装入容器，并将盖盖严。

（11）熬油炉灶必须距建筑物 10m 以上，上方不得有电线，地下 5m 内不得有电缆，炉灶应设在建筑物的下风方向。

（12）炉灶附近严禁放置易燃、易爆物品，并应配备锅盖或铁板、灭火器、砂袋等消防器材。

4.2 防水工程熬油安全要求

（1）加入锅内的沥青不得超过锅容量的 3/4。

（2）熬油的作业人员应严守岗位，注意沥青温度变化，随着沥青温度变化，应慢火升温。沥青熬制到由白烟转黄烟到红烟时，应立即停火。如着火，应用锅盖或铁板覆盖。地面着火，应用灭火器、干砂等扑灭，严禁浇水。

（3）配制、贮存、涂刷冷底子油的地点严禁烟火，并不得在 30m 以内进行电焊、气焊等明火作业。

（4）装运油的桶壶，应用薄钢板咬口制成，严禁用锡焊桶壶，并应设桶壶盖。

（5）运输设备及工具，必须牢固可靠，竖直提升，平台的周边应有防护栏杆，提升时应拉牵引绳，防止油桶摇晃，吊运时油桶下方 10m 半径范围内严禁站人。

（6）不允许两人抬送沥青，桶内装油不得超过桶高的 2/3。

（7）在坡度较大的屋面运油，应穿防滑鞋，设置防滑梯，清扫屋面上的砂粒等。油桶下设桶垫，必须放置平稳。

4.3 卷材铺贴安全要求

（1）盛装热沥青的铁勺、铁壶、铁桶要用咬口接头，严禁用锡进行焊接，桶宜加盖，装油量不得超过上述容器的2/3。

（2）油桶要平放，不得两人抬运。在运输途中，注意平稳，精神要集中，防止不慎跌倒造成伤害。

（3）垂直运输热沥青，应采用运输机具，运输机具应牢固可靠。如用滑轮吊送时，上面的操作平台应设置防护栏杆，提升时要系拉牵绳，防止油桶摆动，油桶下方10m半径范围内禁止站人。

（4）禁止直接用手传递，也不准工人沿楼梯挑上，接料人员应用钩子将油桶钩放在平台上放稳，不得过于探身用手接触油桶。

（5）在坡度较大的屋面运热沥青时，应采取专门的安全措施（如穿防滑鞋、设防滑梯等），油桶下面应加垫，保证油桶放置平稳。

（6）屋面四周没有女儿墙和未搭设外脚手架时，施工前必须搭设好防护栏杆，其高度应高出沿周边1.2m。防护栏杆应牢固可靠。

（7）浇倒热沥青时，必须注意屋面的缝隙和小洞，防止沥青漏落。浇倒屋面四周边沿时，要随时拦扫下淌的沥青，以免流落下方，并应通知下方人员注意避开。檐口下方不得有人行走或停留，以防沥青流落伤人。

（8）浇倒热沥青与铺贴卷材的操作人员应保持一定距离，并根据风向错位，壶嘴要向下，不准对人，浇至四周边沿时，要侧身操作，以避免热沥青飞溅烫伤。

（9）避免在高温烈日下施工。

（10）运上屋面的材料，如卷材、鱼眼砂等，应平均分散堆放，随用随运，不得集中堆料。在坡度较大的屋面上堆放卷材时，应采取措施，防止滑落。

（11）在地下室、基础、池壁、管道、容器内等地方进行有毒、有害的涂料和涂抹沥青防水等作业时，应有通风设备和防护措施，并应定时轮换操作。

（12）地下室防水施工的照明用电，其电源电压应不大于36V；在特别潮湿的场所，其电源电压不得大于12V。

（13）配制速凝剂时，操作人员必须戴口罩和手套。

（14）处理漏水部位，须用手接触掺促凝剂的砂浆时，要戴胶皮手套或胶皮手指套。

（15）使用喷灯时，应清除周围的易燃物品；必须远离冷底子油，严禁在涂刷冷底子油区域内使用喷灯。喷灯煤油不得过满，打气不应过足，并必须在用火地点备有防火器材。

（16）铺贴垂直墙面卷材，其高度超过1.5m时，应搭设牢固的脚手架。

5 防水工程补漏技术

5.1 屋面防水补漏技术

由于设计、材料、施工操作、环境、使用不当等诸多因素，都会影响屋面工程施工质量，使屋面防水工程达不到"封闭、连续、不漏水"的基本要求，建筑物不能正常使用。当屋面防水工程漏水时，需要及时地进行屋面防水的补漏工作。

（1）屋面防水补漏的关键是寻找漏水点的位置，由于屋面防水工程构造层次复杂，使漏水点的位置不容易准确地确定，须多次调查分析，找到了漏水点，补漏的工作就好办了。经常遇到的漏水点有下列几方面。

1）结构变形引起漏水点。结构的沉降、温差应力等都会造成结构变形，使防水层受损漏水，形成漏水点。

2）屋面细部处理不合理造成漏水点。

3）没有严格按设计、规范施工，特别是水落口、天沟、女儿墙防水收口、变形缝、出屋面设备管、基座周围等部位形成漏水点。

4）如果经过调查分析仍未明确漏水点，可采用淋水试验，或通过降雨观察，找到漏水点或漏水区域。

（2）当漏水点找到以后，可用下列方法进行漏水点的修理。

1）采用原设计材料，重新进行防水层的施工，注意与原防水层的搭接，并重新做封闭连续的防水体系。

2）如果漏水点范围很小，可采用专用补漏材料进行修理补漏，如用硅酸钠类促凝剂、无机高效防水粉、速效堵漏剂、渗透结晶防水涂料、膨胀水泥等，施工时，严格按各种材料施工工艺要求进行操作，确保修补效果。

5.2　地下防水工程补漏

地下防水工程渗漏主要是由于结构层存在孔洞、裂缝、毛细孔等造成漏水。堵漏前必须分析查明原因，确定位置及压力大小，再采用相应的补漏措施。

堵漏的原则是变大漏为小漏、缝漏变点漏、片漏变孔漏，然后实施点、孔堵漏方法进行补漏。并尽量使堵漏工作在无水状态下进行。

（1）补漏材料

1）常用的有二矾、三矾、四矾、五矾防水剂及快燥精等。

2）水泥——防水浆防水胶泥。防水浆由氯化钙、氯化铝和水组成，属氯化物金属盐类防水剂，常以成品供应。

3）无机高效防水粉。它是一种水硬性无机胶凝材料，与水调合后使用。常用产品有堵漏灵、防水室、确保时等。

4）901（902）速效堵漏剂。

5）801堵漏剂。与水泥制成胶浆，在1min内凝固，堵漏效果较好。

6）M131快速止水剂。与水泥制成胶泥，可控制在1～20min内凝结止水。

7）专用膨胀水泥。

（2）补漏施工方法：地下工程渗漏水形式主要表现为三种：点渗漏、缝渗漏和面渗漏；根据其渗水量不同又可分为慢渗、快渗、漏水和涌水。因此，要根据具体情况，按堵漏的原则进行。

1）查找渗漏水源，确定堵漏方案

① 首先对工程周围的水质、水源、土质等情况进行调查，掌握地下水位变化规律和地表水、生产用水、生活用水排放情况等，以便查明引起渗漏水的原因，为制定堵漏方案提供依据。

② 从结构上分析渗漏水的原因：了解结构的强度、刚度是否有问题，地基是否存在不均匀沉降等，因为上述因素都可能导致结构开裂而造成渗漏。另外，如裂缝是否稳定，这些应分析清楚。

③ 了解施工情况：实践表明，渗漏绝大部分都与施工质量有关。施工缝、变形缝施工质量，混凝土施工质量，有无蜂窝、麻面、孔洞等都可能是引起水的渗漏之源。

④ 检查材料质量：防水材料质量是否合格，选用防水材料是否得当，材料质量不良或选材不当，均可引起漏水。

2）堵漏方法：不外乎两个方面，首先是堵住渗漏水，其次设置永久防水层。

① 胶浆堵漏法。施工时，直接将水泥和促凝剂按 1：（0.5～1）的质量比拌合，并迅速使用堵住漏水。

A. 堵塞法。适用于孔洞、裂缝漏水的修补处理。

孔洞漏水处理。当水压不大，漏水孔洞较小时，采用直接堵塞法处理。

操作时，先将漏水孔洞处剔槽，槽壁必须与基面垂直，并用水刷洗干净。带橡胶手套，将拌好的快凝胶浆捻成与槽相符的形状，在胶浆开始凝固时，迅速用手压入槽内，并挤压密实，待半分钟胶浆凝固即可，堵塞过程一定要轻快、利索。

当水压较大，漏水孔洞较大时，采用下管堵漏处理。如图 5-2-1 所示。

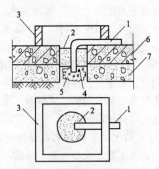

图 5-2-1　下管堵漏法
1—胶皮管；2—快凝胶浆；3—挡水墙；4—薄钢板一层；
5—碎石；6—构筑物；7—垫层

操作时，先将漏水处清理干净，在孔洞底部铺碎石一层后，盖一层与孔洞大小相同的薄钢板，薄钢板中间留一小孔配胶皮管导水，降低周围水压。然后用快凝水泥胶浆填塞孔洞并压实，低于基面 10mm。检查无渗水时，再在胶浆表面抹一层素灰和一层砂浆。待砂浆有一定强度后，将管拔出，用直接堵塞法将管孔迅速堵塞成活。

裂缝漏水的处理。当水压较小，裂缝较短时，可采用裂缝直接堵塞法，如图 5-2-2 所示。

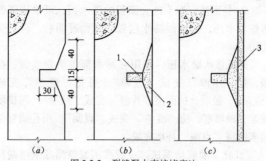

图 5-2-2　裂缝漏水直接堵塞法

(a) 剔槽；(b) 堵漏；(c) 抹防水层

1—胶浆；2—素灰、砂浆；3—防水层

操作时，将裂缝剔成八字形沟槽，清洗干净，用快凝水泥砂浆直接堵塞。

当水压较大、裂缝较长，可采用下绳导水堵漏法，如图 5-2-3 所示。操作时，沿漏线边剔好沟槽，在槽底沿缝放置一根导水用的小绳，使水沿小绳流出，降低水压。用快硬水泥胶浆分段堵塞沟槽，把"缝漏"变成"点漏"。待各段胶浆凝固后，再按孔洞直接堵塞法，把各点漏处堵塞好。

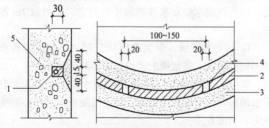

图 5-2-3　下绳导水堵漏法

1—导水用；2—快凝胶浆填缝；3—砂浆层；
4—暂留小孔；5—构筑物

B. 抹面法。对于较大面积的渗水面，可采用降低水位或水压，用刚性防水层做法抹面凝固后，再正常使用。

降低渗水面水压，采用在漏水部位凿剔线缝、孔眼，把"片渗"变成"缝渗"，再把"缝渗"变成"点漏"。最后，抹面使"片渗"变成"线渗"，用快硬胶浆分段填塞，使"缝渗"变成"点漏"，用孔洞直接堵塞法将"点漏"补堵完成。

② 化学灌浆堵漏法。一般采用聚氨酯灌浆堵漏材料，掺入一定量的副剂，搅拌均匀即配制成聚氨酯浆液。

聚氨酯浆液稳定性好，当灌到漏水部位，立即与漏水发生化学反应，生成一溶于水的凝胶体，并向四周渗透扩散，直至反应结束才停止膨胀和渗透。

灌浆堵漏施工，可分为混凝土表面处理、布置灌浆孔、埋设灌浆嘴、封闭漏水部位、压水试验、灌浆、最后封孔等工序过程。

A. 混凝土表面处理。将裂缝两侧混凝土剔成八字沟槽并清理干净。

B. 布置灌浆孔。灌浆孔选在漏点或纵横裂缝交叉处，间距按漏水量及浆液扩散半径而定，一般取 1m 左右。

C. 埋设灌浆嘴。灌浆嘴因构造形式不同，埋设方法不同，埋入式灌浆嘴的埋设如图 5-2-4 所示。

D. 封闭漏水部位。除灌浆嘴漏水点外，对其他有漏水的部位，采取封闭措施，防止浆液外漏，提高灌浆压力和堵漏效果。

E. 压水试验。采用 0.3 ~ 0.4MPa 的压力水试验，系统压降和耗量，为配制浆液提供参数。

F. 灌浆。用手压泵将浆液直接压入漏水缝隙中，灌压力一般为 0.4~0.5MPa。如图 5-2-5 所示。

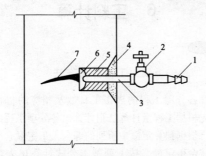

图 5-2-4 埋入式灌浆嘴埋设方法

1—进浆嘴；2—阀门；3—灌浆嘴；4—一层素灰、一层砂浆找平；
5—快硬水泥浆；6—半圆铁片；7—混凝土墙裂缝

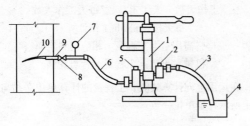

图 5-2-5 手压泵灌浆示意图

1—手压泵；2—吸浆泵；3—吸浆管；4—贮浆器；
5—出浆阀；6—灌浆管；7—压力表；8—阀门；
9—灌浆嘴；10—混凝土墙裂缝

G. 灌浆结束，待浆液固结后，取下灌浆嘴，用水泥砂浆封口。

H. 使用工具及时清洗干净，操作过程做好安全防护。

6 工料计算

6.1 工料计算方法

计算各分项工程的人工工日数及相应的材料需用量，应先根据工程量计算法则计算出各分项工程的工程量数，再根据预算定额中所列的综合人工定额、材料定额和机械台班定额，按下列基本公式计算出人工工日数、材料需用量和机械台班需用量。

人工工日数 = 工程量×综合人工定额

工作天数 = 人工工日数/每天工作人数

（每天按一班 8h 工作计算）

材料需用量 = 工程量×相应材料定额

机械台班数 = 工程量×台班定额

在运用上列计算式时，工程量的计算单位必须与定额上所示计量单位一致。

6.2 工程量计算

按《建设工程工程量清单计价规范》（GB 50500—2003）附录中的工程量计算规则进行计算。

6.2.1 屋面防水工程量计算

按工程量清单项目设置及工程量计算规则执行，见表 6-2-1。

屋面防水（编码：010702） 表 6-2-1

项目编码	项目名称	项目特征	计量单位	工程量计算规则	工程内容
~001	屋面卷材防水	（1）卷材品种、规格；（2）防水层做法；（3）嵌缝材料种类；（4）防护材料种类	m²	按设计图示尺寸以面积计算 1. 斜屋顶（不包括平屋顶找坡）按斜面积计算，平屋顶按水平投影面积计算 2. 不扣除房上烟囱、风帽底座、风道、屋面小气窗和斜沟所占面积 3. 屋面的女儿墙、伸缩缝和天窗等处的弯起部分，并入屋面工程量内	（1）基层处理；（2）抹找平层；（3）刷底油；（4）铺油毡卷材、接缝、嵌缝；（5）铺保护层
~002	屋面涂膜防水	（1）防水膜品种；（2）涂膜厚度、遍数、增强材料种类；（3）嵌缝材料种类；（4）防护材料种类			（1）基层处理；（2）抹找平层；（3）涂防水膜；（4）铺保护层
~003	屋面刚性防水	（1）防水层厚度；（2）嵌缝材料种类；（3）混凝土强度等级	m²	按设计图示尺寸以面积计算。不扣除房上烟囱、风帽底座、风道等所占面积	（1）基层处理；（2）混凝土制作、运输、铺筑、养护

111

项目编码	项目名称	项目特征	计量单位	工程量计算规则	工程内容
~004	屋面排水管	（1）排水管品种、规格、品牌、颜色；（2）接缝、嵌缝材料种类；（3）油漆品种、刷漆遍数	m	按设计图示尺寸以长度计算。如设计未标注尺寸，以檐口至设计室外散水上表面垂直距离计算	（1）排水管及配件安装、固定；（2）雨水斗、雨水算子安装；（3）接缝、嵌缝
~005	屋面天沟、沿沟	（1）材料品种；（2）砂浆配合比；（3）宽度、坡度；（4）接缝、嵌缝材料种类；（5）防护材料种类	m²	按设计图示尺寸以面积计算。薄钢板和卷材天沟按展开面积计算	（1）砂浆制作、运输；（2）砂浆找坡、养护；（3）天沟材料铺设；（4）天沟配件安装；（5）接缝、嵌缝；（6）刷防护材料

6.2.2　墙、地面防水、防潮工程量计算

按工程量清单项目设置及工程量计算规则执行，见表6-2-2。

墙、地面防水、防潮

（编码：010703）　　　**表 6-2-2**

项目编码	项目名称	项目特征	计量单位	工程量计算规则	工程内容
~001	卷材防水	（1）卷材、涂膜品种； （2）涂膜厚度、遍数、增强材料种类； （3）防水部位； （4）防水做法； （5）接缝、嵌缝材料种类； （6）防护材料种类	m²	按设计图示尺寸以面积计算 （1）地面防水：按主墙间净空面积计算，扣除凸出地面的构筑物、设备基础等所占面积，不扣除间壁墙及单个 0.3m² 以内的柱、垛、烟囱和孔洞所占面积； （2）墙基防水：外墙按中心线，内墙按净长乘以宽度计算	（1）基层处理； （2）抹找平层； （3）刷胶粘剂； （4）铺防水卷材； （5）铺保护层； （6）接缝、嵌缝
~002	涂膜防水				（1）基层处理； （2）抹找平层； （3）刷基层处理剂； （4）铺涂膜防水层； （5）铺保护层
~003	砂浆防水（潮）	（1）防水（潮）部位； （2）防水（潮）厚度、层数； （3）砂浆配合比； （4）外加剂材料种类			（1）基层处理； （2）挂钢丝网片； （3）设置分格缝； （4）砂浆制作、运输、摊铺、养护

项目编码	项目名称	项目特征	计量单位	工程量计算规则	工程内容
~004	变形缝	（1）变形缝部位；（2）嵌缝材料种类；（3）止水带材料种类；（4）盖板材料；（5）防护材料种类	m	按设计图示以长度计算	（1）清缝；（2）填塞防水材料；（3）止水带安装；（4）盖板制作；刷防护材料

6.2.3 用工用料分析

（1）编制说明

1）编制依据，以 2001 年北京市建委编《北京市建设工程预算定额》为准。

2）分析表是以单层卷材防水编制的，若为双层则执行相应的定额子目，以此类推。

3）分析表中涂料防水不分涂刷遍数，均以厚度为准。

4）聚酯布、玻璃布、化纤布按单层编制，按双层设计时，工料数应乘以 2。

（2）屋面防水卷材防水

1）工作内容：清理基层、分格缝嵌缝、刷基层处理剂、铺贴附加层、刷胶、铺贴防水卷材、收头等。

2）屋面防水卷材防水和 9 种卷材防水施工、工料分析见表6-2-3。

100m² 屋面防水卷材工料

定额（100m²）   表 6-2-3

		项　　目	单位	数量
1. 三元乙丙橡胶防水卷材	人工	综合工日	工日	6.60
	材	三元乙丙橡胶防水卷材	m²	110.50
		胶粘剂	kg	50.00
		嵌缝膏 CSPE	支	32.30
		乙酸乙酯	kg	5.10
		钢筋 φ10 以内	kg	4.40
	料	聚氨酯防水涂料	kg	29.20
		聚氨酯 1:3	kg	18.20
2. 氯丁橡胶防水卷材	人工	综合工日	工日	6.60
	材	氯丁橡胶卷材	m²	110.50
		CY-409 胶粘剂	kg	9.60
		氯丁胶沥青胶剂	kg	60.60
		钢筋 φ10 以内	kg	4.40
	料	嵌缝膏 CSPE	支	32.30
		乙酸乙酯	kg	5.10
		聚氨酯防水涂料	kg	29.20
3. 氯化聚乙烯—橡胶共混防水卷材	人工	综合工日	工日	6.60
	材	氯化聚乙烯—橡胶共混防水卷材	m²	110.50
		氯丁乳胶	kg	18.20
		胶粘剂	kg	45.50
		钢筋 φ10 以内	kg	4.40
	料	嵌缝膏 CSPE	支	32.30
		乙酸乙酯	kg	5.10
		聚氨酯防水涂材	kg	29.20

项　目			单位	数量
4. 高密度聚乙烯防水卷材	人工	综合工日	工日	6.60
	材料	高密度聚乙烯防水卷材	m²	110.50
		氯丁胶沥青胶剂	kg	6.10
		CY-409 胶粘剂	kg	9.60
		钢筋 φ10 以内	kg	4.40
		嵌缝膏 CSPE	支	32.30
		乙酸乙酯	kg	5.10
		聚氨酯防水涂料	kg	29.20
5. 氯化聚乙烯防水卷材	人工	综合工日	工日	6.60
	材料	氯化聚乙烯防水卷材	m²	110.50
		钢筋 φ10 以内	kg	4.40
		嵌缝膏 CSPE	支	32.30
		乙酸乙酯	kg	5.10
		聚氨酯 1:3	kg	18.20
		聚氨酯防水涂料	kg	29.20
		胶粘剂	kg	61.00
6. SBS 改性沥青防水卷材	人工	综合工日	工日	6.60
	材料	SBS 改性沥青防水卷材	m²	127.30
		钢筋 φ10 以内	kg	4.40
		嵌缝膏 CSPE	支	32.30
		乙酸乙酯	kg	5.10
		聚氨酯防水涂料	kg	29.20
		聚氨酯 1:3	kg	18.20

	项 目		单位	数量
7. APP改性沥青防水涂料	人工	综合工日	工日	6.60
	材料	APP改性沥青防水卷材	m²	127.30
		钢筋 φ10以内	kg	4.40
		嵌缝膏 CSPE	支	32.30
		乙酸乙酯	kg	5.10
		聚氨酯防水涂料	kg	29.20
		聚氨酯 1:3	kg	18.20
8. 弹性体自粘性化纤胎橡胶改性沥青防水卷材	人工	综合工日	工日	6.60
	材料	弹性体—自粘性化纤胎橡胶改性卷材	m²	110.50
		聚氨酯防水涂料	kg	29.20
		氯丁胶沥青胶剂	kg	40.40
		CY-409胶粘剂	kg	9.60
		钢筋 φ10以内	kg	4.40
		嵌缝膏 CSPE	支	32.30
		乙酸乙酯	kg	5.10
9. 橡胶改性沥青乙烯防水卷材	人工	综合工日	工日	6.60
	材料	橡胶改性沥青乙烯防水卷材	m²	110.50
		钢筋 φ10以内	kg	4.40
		嵌缝膏 CSPE	支	32.30
		乙酸乙酯	kg	5.10
		氯丁胶沥青胶剂	kg	40.40
		聚氨酯防水涂料	kg	29.20
		CY-409胶粘剂	kg	9.60

（3）屋面防水涂料防水

1）工作内容：涂料配制、涂刷附加层、分层涂刷防水涂料等。

2）屋面防水涂料防水，工料分析见表6-2-4。

100m² 屋面防水涂料工料

定额（100m²）　　　表6-2-4

项　　　目		单位	厚度（mm）	
			2	每增减0.1
1. 聚氨酯防水涂料	人工	综合工日	工日	4.40	0.20
	材料	聚氨酯防水涂料	kg	281.60	14.10
		聚氨酯1:3	kg	18.20	—
2. 水乳型硅橡胶防水涂料	人工	综合工日	工日	4.00	0.20
	材料	水乳型硅橡胶防水涂料	kg	252.50	13.10
		聚氨酯防水涂料	kg	29.20	1.00
		聚氨酯1:3	kg	18.20	—
3. 水乳型丙烯酸酯防水涂料	人工	综合工日	工日	4.00	0.20
	材料	水乳型丙烯酸酯防水涂料	kg	252.50	13.10
		聚氨酯防水涂料	kg	29.20	1.00
		聚氨酯1:3	kg	18.20	—
4. 溶剂型丙烯酸酯防水涂料	人工	综合工日	工日	4.00	0.20
	材料	溶剂型丙烯酸酯防水涂料	kg	252.50	13.10
		聚氨酯防水涂料	kg	29.20	1.00
		聚氨酯1:3	kg	18.20	—

项 目			单位	厚度（mm）	
				2	每增减 0.1
5. 水乳型聚合物水泥基复合防水涂料	人工	综合工日	工日	4.00	0.20
	材料	水乳型聚合物水泥基复合防水涂料	kg	343.40	17.20

项 目			单位	厚度（mm）	
				3	每增减 0.1
6. 溶剂型氯丁橡胶改性沥青防水涂料	人工	综合工日	工日	6.00	0.20
	材料	溶剂型氯丁橡胶改性沥青防水涂料	kg	328.30	12.10
		聚氨酯防水涂料	kg	29.20	0.80
		聚氨酯 1:3	kg	18.20	—
7. 水乳型阳离子氯丁橡胶改性沥青防水涂料	人工	综合工日	工日	6.00	0.20
	材料	水乳型阳离子氯丁橡胶改性沥青防水涂料	kg	328.30	12.10
		聚氨酯防水涂料	kg	29.20	0.80
		聚氨酯 1:3	kg	18.20	—
8. 溶剂型 SBS 改性沥青防水涂料	人工	综合工日	工日	6.00	0.20
	材料	溶剂型 SBS 改性沥青防水涂料	kg	328.30	12.10
		聚氨酯防水涂料	kg	29.20	0.80
		聚氨酯 1:3	kg	18.20	—

项　　　目		单位	厚度（mm）	
			3	每增减 0.1
9. 水乳型 SBS 改性沥青防水涂料	人工	综合工日	工日	6.00	0.20
	材料	水乳型 SBS 改性沥青防水涂料	kg	328.30	12.10
		聚氨酯防水涂料	kg	29.20	0.80
		聚氨酯 1：3	kg	18.20	—

（4）屋面刚性防水

1）工作内容：基层清理、混凝土搅拌、钢筋绑扎、混凝土浇注、振捣、养护、嵌缝等。

2）屋面刚性防水，工料分析见表 6-2-5。

100m² 屋面刚性防水工料定额（100m²）　　表 6-2-5

项　　目		单位	平面	立面
1. 防水砂浆	人工	综合工日	工日	9.20	12.70	—
	材料	防水粉	kg	56.10	56.70	—
2.40mm 厚细石混凝土刚性防水层	人工	综合工日	工日		13.70
	材料	水泥	kg		1670.00
		砂子	kg		3480.0
		豆石	kg		5100.0
		嵌缝膏	支		32.30

项	目		单位	平面	立面	
3.40mm厚细石钢筋混凝土刚性防水层	人工	综合工日	工日			14.10
	材料	水泥 (kg)			1660.0	
		砂子	kg			3490.0
		豆石	kg			5090.0
		钢筋 φ10 以内	kg			83.0
		火烧丝	kg			0.50
		嵌缝膏	支			32.30

(5) 地下卷材防水

1) 工作内容：清理基层、分格缝嵌缝、刷基础处理剂、铺贴附加层、刷胶铺贴防水卷材、收头等。

2) 地下卷材防水用工用料分析见表6-2-6。

100m² 地下卷材防水工料
定额（100m²） 表 6-2-6

项	目		单位	数量	
				平面	立面
1. 三元乙丙—丁基胶防水卷材	人工	综合工日	工日	10.40	16.60
	材料	三元乙丙橡胶卷材	m²	125.70	125.70
		聚氨酯防水涂料	kg	13.60	13.60
		胶粘剂	kg	40.40	40.40
		丁基胶粘剂	kg	18.70	18.70
		嵌缝膏 CSPE	支	32.30	32.30
		聚氨酯 1:3	kg	18.20	18.20

项　　　目			单位	数量	
				平面	立面
2. 氯化聚乙烯—橡胶共混防水卷材	人工	综合工日	工日	10.40	16.60
	材料	氯化聚乙烯—橡胶共混卷材	m²	125.70	125.70
		聚氨酯防水涂料	kg	13.60	13.60
		氯丁胶乳	kg	20.20	20.20
		基层胶粘剂	kg	45.50	45.50
		嵌缝膏	支	31.00	31.00
3. 氯化聚乙烯防水卷材	人工	综合工日	工日	10.40	16.60
	材料	氯化聚乙烯卷材	m²	125.70	125.70
		氯丁胶乳	kg	20.20	20.20
		胶粘剂	kg	79.20	79.20
		嵌缝膏 CSPE	支	31.00	31.00
		聚氨酯防水涂料	kg	13.60	13.60
4. 聚氯乙烯防水卷材	人工	综合工日	工日	10.40	16.60
	材料	聚氯乙烯卷材	m²	125.70	125.70
		胶粘剂	kg	61.00	61.00
		嵌缝膏 CSPE	支	31.00	31.00
		聚氨酯防水涂料	kg	13.60	13.60
		聚氯酯 1：3	kg	18.20	18.20
5. 氯丁橡胶防水卷材	人工	综合工日	工日	10.40	16.60
	材料	氯丁橡胶卷材	m²	125.70	125.70
		氯丁胶沥青胶液	kg	60.60	60.60
		CY-409 胶粘剂	kg	9.60	9.60

项	目		单位	数量	
				平面	立面
5. 氯丁橡胶防水卷材	材料	嵌缝膏 CSPE	支	31.00	31.00
		乙酸乙酯	kg	5.10	5.10
		聚氯酯防水涂料	kg	13.60*	13.60
6. CYX—603氯化聚乙烯防水卷材	人工	综合工日	工日	10.40	16.60
	材料	CYX-603 氯化聚乙烯卷材	m²	125.70	125.70
		氯丁胶乳	kg	20.20	20.20
		胶粘剂	kg	64.20	64.20
		嵌缝膏 CSPE	支	32.30	32.30
		聚氯酯防水涂料	kg	13.60	13.60
7. SBS改性沥青油毡防水卷材	人工	综合工日	工日	10.40	16.60
	材料	SBS 改性沥青油毡卷材	m²	137.70	137.70
		嵌缝膏 CSPE	支	32.30	32.30
8. APP改性沥青油毡防水卷材	人工	综合工日	工日	10.40	16.60
	材料	APP 改性沥青油毡卷材	m²	137.70	137.70
		嵌缝膏 CSPE	支	32.30	32.30
9. 沥青复合胎柔性防水卷材	人工	综合工日	工日	10.40	16.60
	材料	沥青复合胎柔性卷材	m²	137.70	137.70
		嵌缝膏	支	32.30	32.30

（6）地下涂料防水

1）工作内容：清理基层、涂刷附加层、分层涂刷涂料等。

2）地下涂料防水用工用料分析见表6-2-7。

$100m^2$ 地下工程涂料防水工料

定额（$100m^2$）　　表6-2-7

项　　　目			单位	平面		立面	
				厚度（mm）			
				2	每增减 0.5	2	每增减 0.5
1. 氯丁胶乳化沥青防水涂料	人工	综合工日	工日	11.0	2.30	18.50	4.10
	材料	氯丁胶乳化沥青涂料	kg	326.00	81.50	326.00	81.50
		玻璃纤维布	m^2	234.00	—	234.00	—
		基层处理剂	kg	18.20	—	18.20	—
2. 聚氨酯防水涂料	人工	综合工日	工日	7.90	2.00	10.40	2.60
	材料	聚氨酯防水涂料	kg	266.10	80.80	266.10	80.80
		聚氨酯1：3	kg	18.20	—	18.20	—
3. SBS弹性沥青防水涂料	人工	综合工日	工日	11.00	2.30	18.50	4.10
	材料	SBS弹性沥青防水涂料	kg	326.00	81.50	326.00	81.50
		玻璃纤维布	m^2	234.00	—	234.00	—
		基层处理剂	kg	18.20	—	18.20	—
4. 硅橡胶防水涂料	人工	综合工日	工日	7.90	2.00	10.40	2.60
	材料	硅橡胶涂料	kg	222.00	55.50	222.00	55.50
		基层处理剂	kg	18.20	—	18.20	—

项 目			单位	平面		立面	
				厚度（mm）			
				2	每增减0.5	2	每增减0.5
5. APP型冷胶防水涂料	人工	综合工日	工日	7.90	2.00	10.40	2.60
	材料	APP型冷胶防水涂料	kg	222.00	55.50	222.00	55.50
		基层处理剂	kg	18.20	—	18.20	—
6. JS—复合防水涂料	人工	综合工日	工日	7.90	2.00	10.40	2.60
	材料	JS—复合防水涂料	kg	450.90	131.30	450.90	131.30

（7）厨房、卫生间楼地面防水

1）工作内容：涂料配制、涂刷附加层、分层涂刷防水涂料等。

2）厨房、卫生间楼地面防水，用工用料分析见表6-2-8。

100m² 厨房、卫生间楼地面涂料防水

工料定额（100m²）　　表6-2-8

项 目			单位	厚度（mm）	
				2	每增减0.5
1. 聚氨酯防水涂料	人工	综合工日	工日	9.10	2.30
	材料	聚氨酯1：3	kg	18.20	—
		聚氨酯防水涂料	kg	266.10	80.80

项　　　　目		单位	厚度（mm）	
			2	每增减 0.5
2. 氯丁胶乳化沥青防水涂料	人工	综合工日	工日	12.60	3.00
	材料	玻璃纤维布	m²	234.00	—
		氯丁胶乳化沥青	kg	326.00	81.50
		基层处理剂	kg	18.20	—
3. SBS弹性沥青防水涂料	人工	综合工日	工日	12.60	3.00
	材料	玻璃纤维布	m²	234.00	—
		SBS 弹性沥青防水涂料	kg	326.00	81.50
		基层处理剂	kg	18.20	—
4. 硅橡胶防水涂料	人工	综合工日	工日	9.10	2.30
	材料	硅橡胶涂料	kg	222.00	55.50
		基层处理剂	kg	18.20	—
5. APP型冷胶防水涂料	人工	综合工日	工日	9.10	2.30
	材料	APP 型冷胶防水涂料	kg	222.00	55.50
		基层处理剂	kg	18.20	
6. JS—复合防水涂料	人工	综合工日	工日	9.10	2.30
	材料	JS—复合防水涂料	kg	450.90	131.30

附录一 工程质量检验验收

（1）建筑工程质量检验的依据

1）建筑设计图纸要求。

2）国家现行《建筑工程施工质量验收统一标准》（GB 50300—2001）和相关的分部工程施工质量验收规划。

如《屋面工程质量验收规范》（GB 50207—2002）、《地下防水工程质量验收规范》（GB 50208—2002）。

3）各种专业、地方、企业制定的规程、标准等。

4）合同约定的具体要求，审核报批的技术方案和协商文件等。

需要注意的是所有质量检验的依据不能低于国家标准。

（2）质量验收相关的主要名词术语

1）验收

建筑工程在施工单位自选质量检查评定的基础上，参与建设活动的有关单位共同对检验批、分项、分部、单位工程的质量进行抽样复验，根据相关标准以书面形式对工程质量达到合格与否做出确认。

2）检验批

按同一的生产条件或按规定的方式汇总起来供检验用的，由一定数量样本组成的检验体。

3）主控项目

建筑工程中的对安全、卫生、环境保护和公众利益起决定性作用的检验项目。

4）一般项目

除主控项目以外的检验项目。

5）观感质量

通过观察和必要的量测所反映的工程外在质量。

6）返修

对工程不符合标准规定的部位采取整修等措施。

7）返工

对不合格的工程部位采取的重新制作、重新施工等措施。

（3）质量验收的基本规定

1）施工现场质量管理

施工现场的质量管理应有相应的施工技术标准、健全的质量管理体系、施工质量检验制度和综合施工质量水平评定考核制度。

施工现场质量管理检查记录应由施工单位完成相关检查内容后按附表1-1汇总填写，总监理工程师（建设单位项目负责人）进行检查，并做出检查结论。

检查内容主要包括了四项具体要求。

① 所施工的项目有相应的施工技术标准，即操作依据，可以是企业标准、施工工艺、工法、操作规程等，是保证国家标准贯彻落实的基础，所以这些企业标准必须高于国家标准、行业标准。

② 有健全的质量管理体系，按照质量管理规范建立必要的机构、制度，并赋予其应有的权责，保证质量控制措施的落实。

③ 有施工质量检验制度，包括材料、设备的进场验收检验、施工过程的试验、检验、竣工后的抽查检验，要有有关的规定、检验项目和制度。

④ 提出了综合施工质量水平评定考核制度，是将企业资质、人员素质及前三项的要求，形成的综合效果和成效。

施工现场质量管理
检查记录表　　　附表 1-1

开工日期

工程名称		施工许可证 （开工证）	
建设单位		项目负责人	
设计单位		项目负责人	
监理单位		总监理工程师	
施工单位		项目经理	技术负责人

序号	项　　目	
1	现场质量管理制度	
2	质量责任制	
3	主要专业工种操作上岗证书	
4	分包方资质与对分包单位的管理制度	
5	施工图审查情况	
6	地质勘察资料	
7	施工组织设计、施工方案及审批	
8	施工技术标准	
9	工程质量检验制度	
10	搅拌站及计量设置	
11	现场材料、设备存放与管理	
12		

检查结论：

　　总监理工程师
　　（建设单位项目负责人）　　　　年　　月　　日

2）建筑工程施工质量控制

主要包括三个方面：

① 建筑工程采用的主要材料、半成品、成品、建筑构配件、器具和设备应进行现场验收。凡涉及安全、功能的有关产品，应按各专业工程质量验收规范规定进行复验，并应经监理工程师（建设单位技术负责人）检查认可。

② 各工序应按施工技术标准进行质量控制，每道工序完成后，应进行检查。

③ 相关各专业工种之间，应进行交接检验，并形成记录。未经监理工程师（建设单位技术负责人）检查认可，不得进行下道工序施工。

3）建筑工程施工质量验收的要求

① 建筑工程施工质量应符合现行新标准和相关专业验收规范的规定。

② 建筑工程施工应符合工程勘察、设计文件的要求。

③ 参加工程施工质量验收的各方人员应具备规定的资格。

④ 工程质量的验收均应在施工单位自行检查评定的基础上进行。

⑤ 隐蔽工程在隐蔽前应由施工单位通知有关单位进行验收，并应形成验收文件。

⑥ 涉及结构安全的试块、试件以及有关材料，应按规定进行见证取样检测。

⑦ 检验批的质量应按主控项目和一般项目验收。

⑧ 对涉及结构安全和使用功能的重要分部工程应进行抽样检测。

⑨ 承担见证取样检测及有关结构安全检测的单位

应具有相应资质。

⑩ 工程的观感质量应由验收人员通过现场检查，并应共同确认。

在以上总要求的基础上，各主要分部工程如混凝土结构、装饰装修、防水等按本专业质量验收规范内容进行细化具体，完成质量验收，并逐步归结（汇总、总验收）到单位工程质量验收上。

（4）建筑工程质量验收的划分

建筑工程质量验收通常按建筑物、构筑物及室外单位工程为单位进行细分组织验收。具体如下：

1）建筑工程质量验收应划分为单位（子单位）工程、分部（子分部）工程、分项工程和检验批。

2）单位工程的划分应按下列原则确定：

① 具备独立施工条件并能形成独立使用功能的建筑物及构筑物为一个单位工程。

② 建筑规模较大的单位工程，可将其能形成独立使用功能的部分为一个子单位工程。

在施工前由建设、设计、监理、施工单位商定，是否划分成子单位工程进行组织施工和验收。

3）分部工程的划分应按下列原则确定：

① 分部工程的划分应按专业性质、建筑部位确定。

② 当分部工程较大或较复杂时，可按材料种类、施工特点、施工程序、专业系统及类别等划分为若干子分部工程。

建筑结构按主要部位划分为地基与基础、主体结构、装饰装修及屋面等四个分部。

建筑设备安装工程按专业划分为建筑给水排水及采暖工程、建筑电气安装工程、智能建筑工程、通风与空调工程、电梯安装工程等五个分部工程。

防水工主要完成的工作为地下防水及屋面防水分部。

4）分项工程应按主要工种、材料、施工工艺、设备类别等进行划分。

分项工程的划分，已在《建筑工程施工质量验收统一标准》（GB 50300—2001）全部列出。

分项工程是一个比较系统的概念，真正进行质量验收的并不是一个分项工程的全部，而是其中的一部分，也就是检验批。因此，分项工程的划分，实质上是检验批的划分。在施工组织设计和施工验收前预先进行划分，使检验批的划分和验收更加规范化，可操作性强。

单位（子单位）工程、分部（子分部）工程、分项工程的划分列于附表1-2中。

地基与基础工程（部分）、屋面工程所属单位、分部、分项工程划分表　　附表1-2

分部工程	子分部工程	分　项　工　程
地基与基础工程（部分）	地下防水	防水混凝土，水泥砂浆防水层，卷材防水层，涂料防水层，金属板防水层，塑料防水层，细部构造
屋面工程	卷材防水屋面	保温层，找平层，卷材防水层，细部构造
	涂膜防水屋面	保温层，找平层，涂膜防水层，细部构造
	刚性防水屋面	细石混凝土防水层，密封材料嵌缝，细部构造
	瓦屋面	平瓦屋面，油毡瓦屋面，金属板材屋面，细部构造
	隔热屋面	架空屋面，蓄水屋面，种植屋面

5）分项工程可由一个或若干检验批组成，检验批可根据施工及质量控制和专业验收需要按楼层、施工段、变形缝等进行划分。

分项工程划分成检验批进行验收，要有利于质量控制，取得较完整的技术数据；要防止造成分项工程的大小过于悬殊。抽样方法的不规范，将影响质量验收结果的代表性、可比性。

检验批的划分原则：

① 原材料、构配件、设备按批量划分。

② 施工按各工种，专业的楼层，施工段变形缝划分。

③ 每个分项工程可以划分为 $1 \sim n$ 个检验批。

④ 有不同层地下室的按不同层划分。

⑤ 同一层按变形缝、区段划分。

⑥ 小型工程一般按楼层划分。

⑦ 安装工程按系统、组别划分。

⑧ 划分应便于质量控制和验收。

检验批的质量检验，应根据检验项目的特点在下列抽样方案中进行选择。

A. 计量、计数或计量计数方案。

B. 一次、二次或多次抽样方案。

C. 根据生产连续性和生产控制稳定性情况，尚可采用调整型抽样方案。

D. 对重要的检验项目尚可采用简易快速的检验方法时，可选用全数检验方案。

E. 经实践检验有效的抽样方案。

防水工等专业工种施工验收时，根据划分原则选择检验批抽样方案，并涵盖代表该项目的施工范围。

（5）建筑工程质量验收的实施

1）国家标准中的验收程序与组织

① 验收程序。为了方便工程的质量管理，根据工程特点，把工程划分的检验批、分项、分部（子分部）和单位（子单位）工程。验收的顺序首先验收检验批，或者是分项工程质量验收，再验收分部（子分部）工程，最后验收单位（子单位）工程的质量。

对检验批、分项工程、分部（子分部）和单位（子单位）工程的质量验收，都是先由施工企业检查评定后，再由监理或建设单位进行验收。

② 验收的组织。标准规定，检验批、分项工程、分部（子分部）和单位（子单位）工程分别由监理工程师或建设单位的项目技术负责人、总监理工程师或建设单位项目技术负责人负责组织验收。检验批、分项工程由监理工程师、建设单位项目技术负责人组织施工单位的项目专业技术负责人等进行验收。分部工程、子分部工程由总监理工程师、建设单位项目负责人组织施工单位项目负责人（项目经理）和技术、质量负责人及勘察、设计单位工程项目负责人参加验收，这是符合当前多数企业的实际情况的，这样做也突出了分部（子分部）工程的重要性。

至于一些有特殊要求的建筑设备安装工程，以及一些使用新技术、新结构的项目，应按设计和主管部门要求，组织有关人员进行验收。

③ 各项验收程序关系对照表见附表1-3。

2）验收的步骤

分为过程验收和结论验收。过程验收为施工质量控制内容，施工班组在操作时进行"三检制"达到质量要求。结果结论验收为工程质量控制内容，从检验批开始逐步完成至单位工程。具体步骤如下：

各项验收程序关系对照表　附表 1-3

序号	验收表的名称	质量自检人员	质量检查评定人员		质量验收人员
			验收组织人	参加验收人员	
1	施工现场质量管理检查记录表	项目经理	项目经理	项目技术负责人分包单位负责人	总监理工程师
2	检验批质量验收记录表	班组长	项目专业质量检查员	班组长分包项目技术负责人项目技术负责人	监理工程师（建设单位项目专业技术负责人）
3	分项工程质量验收记录表	班组长	项目专业技术负责人	班组长项目技术负责人分包项目技术负责人项目专业质量检查员	总监理工程师（建设单位项目专业技术负责人）
4	分部、子分部工程质量验收记录表	项目经理分包单位项目经理	项目经理	项目技术负责人分包项目技术负责人勘察设计单位项目负责人建设单位项目专业负责人	总监理工程师（建设单位项目专业技术负责人）

序号	验收表的名称	质量自检人员	质量检查评定人员		质量验收人员
			验收组织人	参加验收人员	
5	单位、子单位工程质量竣工验收记录	项目经理	项目经理或施工单位负责人	项目经理分包单位项目经理设计单位项目负责人企业技术、质量部门	总监理工程师（建设单位项目专业技术负责人）
6	单位、子单位工程质量控制资料核查记录表	项目技术负责人	项目经理	分包单位项目经理监理工程师项目技术负责人企业技术、质量部门	总监理工程师（建设单位项目专业技术负责人）
7	单位、子单位工程安全和功能检验资料核查及主要功能抽查记录表	项目技术负责人	项目经理	分包单位项目经理项目技术负责人监理工程师企业技术、质量部门	总监理工程师（建设单位项目专业技术负责人）

序号	验收表的名称	质量自检人员	质量检查评定人员		质量验收人员
			验收组织人	参加验收人员	
8	单位、子单位工程观感质量检查记录表	项目技术负责人	项目经理	分包单位项目经理 经理技术负责人 监理工程师 企业技术、质量部门	总监理工程师（建设单位项目专业技术负责人）

① 施工单位按分项操作工艺进行班组过程自检验收。

② 施工单位及监理（建设）单位按分项工程内容划分成检验批进行结果、结论验收。

③ 汇总分项工程和检验批进行分项验收。

④ 汇总分项工程和检验批数量，质量控制资料、安全和功能检验（检测）报告、观感质量验收，进行分部（子分部）工程验收。

⑤ 进行单位（子单位）工程质量控制资料核查；单位（子单位）工程安全和功能检验资料核查及主要功能抽查；单位（子单位）工程质量观感检查，并汇总分部（子分部）工程验收记录得出单位（子单位）工程综合验收结论，完成单位（子单位）工程质量竣工验收记录。

⑥ 有室外工程时，按室外工程划分内容，与单位（子单位）工程质量竣工验收并列完成验收。

3）建筑工程质量验收

① 检验批合格质量应符合下列规定：

A. 主控项目和一般项目的质量经抽样检验合格。

B. 具有完整的施工操作依据、质量检查记录。

C. 验收部分表样见附表1-4、附表1-5、附表1-6、附表1-7要求。

检验批质量验收记录　　附表1-4

工程名称		分项工程名称			验收部位	
施工单位			专业工长		项目经理	
施工执行标准名称及编号						
分包单位		分包项目经理			施工班组长	
	质量验收规范的规定	施工单位检查评定记录			监理（建设）单位验收记录	
主控项目	1					
	2					
	3					
	4					
	5					
	6					
	7					
	8					
	9					
一般项目	1					
	2					
	3					
	4					
施工单位检查结果评定		项目专业质量检查员：　　　年　月　日				
监理（建设）单位验收结论		监理工程师（建设单位项目技术负责人）　年　月　日				

卷材防水层工程检验批质量
验收记录表 　　　附表1-5

单位（子单位）工程名称			
分部（子分部）工程名称		验收部位	
施工单位		项目经理	
分包单位		分包项目经理	
施工执行标准名称及编号			

施工质量验收规范的规定			施工单位检查评定记录	监理（建设）单位验收记录
主控项目	1	卷材及配套材料质量	第4.3.10条*		
	2	细部做法	第4.3.11条*		
一般项目	1	基层质量	第4.3.12条*		
	2	卷材搭接缝	第4.3.13条*		
	3	保护层	第4.3.14条*		
	4	卷材搭接宽度允许偏差(mm)	－10		

施工单位检查评定结果	专业工长（施工员）		施工班组长	
	项目专业质量检查员：		年　月　日	

监理（建设）单位验收结论	专业监理工程师： （建设单位项目专业技术负责人）　　年　月　日

注：＊表示为《屋面工程质量验收规范》GB 50207—2002 和
　　《地下防水工程质量验收规范》GB 50208—2002 规定条文。

卷材防水层工程检验批质量

验收记录表　　　　附表1-6

单位（子单位）工程名称				
分部（子分部）工程名称			验收部位	
施工单位			项目经理	
分包单位			分包项目经理	
施工执行标准名称及编号				

施工质量验收规范的规定			施工单位检查评定记录	监理（建设）单位验收记录
主控项目	1	卷材配套材料质量	第4.3.15条*	
	2	卷材防水层	第4.3.16条*	
	3	防水细部构造	第4.3.17条	
一般项目	1	卷材搭接与收头	第4.3.18条*	
	2	卷材保护层	第4.3.19条*	
	3	排气屋面孔道留置	第4.3.20条*	
	4	卷材铺贴方法	铺贴方向正确	
	5	搭接宽度允许偏差（mm）	－10	

施工单位检查评定结果	专业工长(施工员)		施工班组长	
	项目专业质量检查员：		年　月　日	

监理（建设）单位验收结论	专业监理工程师： （建设单位项目专业技术负责人）　　　年　月　日

注：＊同附表1-5。

涂膜防水工程检验批质量验收记录表　附表1-7

单位（子单位）工程名称				
分部（子分部）工程名称			验收部位	
施工单位			项目经理	
分包单位			分包项目经理	

施工执行标准名称及编号					

施工质量验收规范的规定				施工单位检查评定记录	监理（建设）单位验收记录
主控项目	1	防水涂料及胎体增强材料质量	第5.3.9*		
	2	涂膜防水层不得有渗漏或积水	第5.3.10*		
	3	防水细部构造	第5.3.11*		
一般项目	1	涂膜防水	第5.3.13*		
	2	涂膜保护层	第5.3.14*		
	3	涂膜厚度符合设计要求，最小厚度	≥80%设计厚度		

	专业工长（施工员）		施工班组长	
施工单位检查评定结果				
	项目专业质量检查员：		年　月　日	
监理（建设）单位验收结论				
	专业监理工程师： （建设单位项目专业技术负责人）		年　月　日	

注：＊同附表1-5。

② 分项工程质量验收合格应符合下列规定：

A. 分项工程所含的检验批均应符合合格质量的规定。

B. 分项工程所含的检验批的质量验收记录应完整。

C. 分项工程质量验收表样见附表1-8。

③ 分部（子分部）工程质量验收合格应符合下列规定：

A. 分部（子分部）工程所含分项工程的质量均应验收合格。

B. 质量控制资料应完整。

C. 地基与基础、主体结构和设备安装等分部工程有关安全及功能的检验和抽样检测结果应符合有关规定。

D. 观感质量验收应符合要求。

E. 分部（子分部）工程质量验收见附表1-9。

④ 单位（子单位）工程质量验收合格应符合下列规定：

A. 单位（子单位）工程所含分部（子分部）工程的质量均应验收合格。

B. 质量控制资料应完整。

C. 单位（子单位）工程所含分部工程有关安全功能的检测资料应完整。

D. 主要功能项目的抽查结果应符合相关专业质量验收规范的规定。

E. 观感质量验收应符合要求。

F. 单位（子单位）工程质量验收，质量控制资料核查，安全和功能检验资料核查及主要功能抽查记录，观感质量检查施工质量验收统一标准中均有表样。

_____分项工程质量验收记录表　　附表 1-8

工程名称		结构类型		检验批数	
施工单位		项目经理		项目技术负责人	
分包单位		分包单位负责人		分包项目经理	

序号	检验批部位、区段	施工单位检查评定结果	监理(建设)单位验收结论
1			
2			
3			
4			
5			
6			
7			
8			
9			
10			
11			
12			

检查结论		验收结论	
项目专业 技术负责人：年　月　日			监理工程师 (建设单位项目专业负责人) 　　　　　年　月　日

____分部（子分部）工程质量验收记录表 附表1-9

工程名称		结构类型		层　　数	
施工单位		技术部门负责人		质量部门负责人	
分包单位		分包单位负责人		分包技术负责人	

序号	分项工程名称	检验批数	施工单位检查评定		验收意见
1					
2					
3					
4					
5					
6					
质量控制资料					
安全和功能检验（检测）报告					
观感质量验收					

验收单位	分包单位		项目经理　　　　年　月　日
	施工单位		项目经理　　　　年　月　日
	勘察单位		项目负责人　　年　月　日
	设计单位		项目负责人　　年　月　日
	监理（建设）单位		总监理工程师 (建设单位项目专业负责人)　年　月　日

⑤ 以上各验收层次工程质量不符合要求时，应按下列规定进行处理：

A. 经返工重做或更换器具、设备的检验批，应重新进行验收。

B. 经有资质的检测单位检测鉴定能够达到设计要求的检验批，应予以验收。

C. 经有资质的检测单位检测鉴定达不到设计要求，但经原设计单位核算认可能够满足结构安全和使用功能的检验批，可予以验收。

D. 经返修或加固处理的分项、分部工程，虽然改变外形尺寸但仍能满足安全使用要求，可按技术处理方案和协商文件进行验收。

E. 通过返修或加固处理仍不能满足安全使用要求的分部工程、单位（子单位）工程，严禁验收。

附录二 工程质量事故处理

(1) 质量问题及事故分类

1) 工程质量问题及质量事故

根据1989年建设部颁布的第3号部令《工程建设重大事故报告和调查程序规定》和1990年建设部建工字第55号文件关于第3号部令有关问题的说明：凡是工程质量不合格，必须进行返修、加固或报废处理，由此造成的直接经济损失低于5000元的称为质量问题，直接经济损失在5000元（含5000元）以上的称为工程质量事故。

2) 质量事故的分类

建设工程中的质量事故分类方法很多，可以按其产生的原因分，也可以按其造成损失严重程度划分，还可以按其造成后果或事故责任。现国家对工程质量通常采用按造成损失严重程度进行分类。

① 一般质量事故。凡具备下列条件之一者为一般质量事故。

A. 直接经济损失在5000元（含5000元）以上、不满50000元的。

B. 影响使用功能和工程结构安全、造成永久质量缺陷的。

② 严重质量事故。凡具备下列条件之一者为严重质量事故。

A. 直接经济损失在50000元（含50000元）以上，不满10万元的；

B. 严重影响使用功能或工程结构安全，存在重大质量隐患的；

C. 事故性质恶劣或造成 2 人以下重伤的。

③ 重大质量事故。凡具备下列条件之一者为重大质量事故，属建设工程重大质量事故范畴。

A. 工程倒塌或报废；

B. 由于质量事故，造成人员死亡或重伤 3 人以上；

C. 直接经济损失 10 万元以上。

建设工程重大质量事故分为以下四级：

a. 凡造成死亡 30 人以上或直接经济损失在 300 万元以上为一级；

b. 凡造成死亡 10 人以上、29 人以下，或直接经济损失 100 万元以上、不满 300 万元为二级；

c. 凡造成死亡 3 人以上、9 人以下或重伤 20 人以上，或直接经济损失 30 万元以上、不满 100 万元为三级；

d. 凡造成死亡 2 人以下，或重伤 3 人以上、19 人以下，或直接经济损失 10 万元以上、不满 30 万元为四级。

④ 特别重大事故。凡具备国务院发布的《特别重大事故调查程序暂行规定》所列，发生一次死亡 30 人及其以上；或直接经济损失达 500 万元及其以上；或其他性质特别严重事故。凡属上述情况之一者，均属特别重大事故。

(2) 事故处理依据及程序

1) 事故处理依据

① 质量事故的情况资料。施工单位的现场记录，施工日志和质量事故调查报告，监理单位的监理日志，及事故调查的资料等。

② 有关合同及合同文件。委托设计合同，工程承

包合同，委托监理合同，材料、设备和器材购销合同等。

③ 有关的技术文件。施工组织设计或施工方案，施工计划，有关建筑材料的质量证明资料等。

④ 有关的建设法规。建筑法，合同法，招投标法，建筑工程质量管理条例，及有关各种工程规范等。

2）质量事故处理程序

① 工程质量事故发生后，要求质量事故发生单位迅速按类别和等级向相应的主管部门上报，并于24小时内写出书面报告。质量事故报告的内容有：

A. 事故发生的单位名称，工程名称，部位，时间，地点，状态及范围；

B. 事故概况和初步估计的直接损失；

C. 事故发生原因的初步分析；

D. 事故发生后采取的措施；

E. 各种资料。

② 各级主管部门处理权限及组成调查组权限：特别重大质量事故由国务院按有关程序和规定处理；重大质量事故由国家建设行政主管部门归口管理；严重质量事故由省、自治区、直辖市建设行政主管部门归口管理；一般质量事故由市、县级建设行政主管部门归口管理。

质量事故调查组的职责：

A. 查明事故发生的原因、过程，事故的严重程度和经济损失情况。

B. 查明事故的性质、责任单位和主要责任人。

C. 组织技术鉴定。

D. 明确事故主要责任单位和次要责任单位，承担经济损失的划分原则。

E. 提出技术处理意见及防止类似事故再次发生应采取措施。

F. 提出对事故责任单位和责任人的处理建议。

G. 写出质量事故调查报告。

③ 工程质量事故处理报告的主要内容

A. 工程质量事故情况，调查情况，原因分析。

B. 质量事故处理的依据。

C. 质量事故技术处理方案。

D. 实施技术处理施工中的有关问题和资料。

E. 对处理结果的检查鉴定和验收。

F. 质量事故处理结论。

④ 工程质量事故处理的鉴定与验收。施工单位工程质量事故处理完成后，建设单位和监理单位，在施工单位自检合格的基础上，应严格按施工验收标准及有关的规定进行验收。依据质量事故技术处理方案设计要求，通过实际量测，检查各种资料数据，凡是涉及结构承载力、使用安全和其他重要性能处理工作，必须做出必要的实验和检验鉴定工作才能验收。检测鉴定必须委托政府批准的有资质的法定检测单位进行。对处理后符合建筑工程施工质量验收标准规定的，给予验收确认。对经加固补强或返工处理仍不能满足安全使用要求的分项工程、分部工程或单位工程，不能验收。

（3）工程质量事故处理的基本原则

1）工程质量通病、事故的现象观察

在施工质量检验过程中，每个检验批、分项、分部、单位工程施工成品和国家验收规范、行业规程、企业工艺标准不相符的地方，均应视为质量问题。其表观现象不完全相同，如水泥楼地面起砂的现象呈现为表面粗糙、光洁度差、表面有松散灰尘；防水层空鼓现象呈现为敲击表面出现空鼓声等等。

对各项工程质量通病、事故现象的敏锐观察，及时发现，是预防、解决质量问题的第一步。

2) 工程质量通病、事故的原因分析方法

工程质量通病、事故的原因分析主要从五个方面进行分析。

① 人的因素。主要从质量意识、技术水平及熟练程度、身体素质方面分析。

② 机器的因素。从机器设备、工夹具的精度和维护保养状况等方面分析。

③ 材料的因素。从材料的质量成分、物理性能和化学性能等方面分析。

④ 方法的因素。从施工工艺、操作规程、检验测试方法等方面分析。

⑤ 环境的因素。施工现场的温度、湿度、照明、噪声和清洁条件等方面分析。

在以上方面分析中，找出产生质量通病、事故的原因及主要原因。从主要原因入手准备解决。

3) 工程质量通病、事故的预防与处理

长期的工程施工实践，已经在每个项目施工中总结出了容易出现的质量问题即通病，在施工前从各影响因素方面入手，做好预防控制工作，在施工中出现质量问题要及时分析处理解决，分析处理解决主要原因带来的质量问题，从而达到预想的控制保证率。

附录三 分包合同管理

（1）分包合同管理概述

分包合同管理是指施工合同的订立、履约、变更、终止、索赔、争议处理等进行的管理过程。管理合同必须遵循《合同法》、《建筑法》和有关法规。

（2）分包合同概述

1）分包合同概念。承包人经发包人同意或按照合同约定，可以将承包项目的部分非主体工程，非关键工作分包给具备相应资质条件的分包人完成，并与之订立合同，称为分包合同。

2）分包合同的内容

① 分包人要按照分包合同的各项规定，实施和完成分包工程，并修补其中的缺陷，提供所需的全部工程监督、劳务、材料、工程设备，以及其他所需物品，提供履约担保、进度计划或修订的进度计划，分包人不得将分包工程进行转让或再分包。

② 承包人应提供总包合同（工程量清单或费率所列承包人的价格细节除外），供分包人查阅。应认为分包人已经全面了解主合同的各项规定（上述承包人价格细节除外）。

③ 分包人应当遵守分包合同规定的承包人的工作时间和规定的分包人的设备材料进出场的一切规章制度。同时，承包人应为分包人提供施工现场及其通道；分包人应允许承包人、工程师等在工作时间内合理进入分包工程的现场，并提供方便，做好协助工作。

④ 分包人的竣工时间和延长条件：承包人根据合同有权延长主合同；承包人指示延长；承包人违约。但

是，分包人必须在延长开始 14 天内将延长情况通知承包人，同时提交一份证明或报告，否则分包人无权获得延期。

⑤ 分包人仅从承包人处接受指示，并遵守其指示。如果上述指示从总包合同来分析是工程师失误所致，则分包人有权要求承包人补偿由此而导致的费用。

⑥ 分包人仅根据以下指示变更、增补或删减分包工程：工程师根据主合同做出的指示再由承包人作为指示通知分包人；承包人的指示。

3）分包合同文件的组成及优先顺序：

① 分包合同协议书。

② 承包人发出的分包中标书。

③ 分包人的报价书。

④ 分包合同的专用条款。

⑤ 分包合同的通用条款。

⑥ 规范、图纸，列有标价的工程量清单。

⑦ 报价单或预算书。

（3）分包合同的订立

1）分包合同的订立原则

① 合同当事人的法律地位平等，一方不得将自己的意志强加给另一方。

② 当事人依法享有自愿订立合同的权利，任何单位和个人不得非法干预。

③ 当事人应当遵守公平原则，确定各方的权利和义务。

④ 当事人行使权利、履行义务应当遵循诚实信用原则。

⑤ 当事人应当遵守法律、行政法规，遵守社会公

德，不得扰乱社会经济秩序和损害社会公共利益。

2）分包合同的订立程序

① 接受中标通知书。

② 草拟合同专用条款。

③ 谈判合同条款及有关事宜。

④ 订立合同，双方签字、盖章。

参考文献

[1] 中华人民共和国国家标准. GB 50207—2002 屋面工程质量验收规范. 北京: 中国建筑工业出版社, 2001

[2] 中华人民共和国国家标准. GB 50208—2002 地下防水工程质量验收规范. 北京: 中国建筑工业出版社, 2001

[3] 北京市建设委员会编制. 北京市建设工程预算定额 (2001)

[4] 陈雁, 李国年, 刘淑兰编. 防水工长便携手册. 北京: 机械工业出版社, 2005

[5] 朱国梁, 潘金龙编. 简明防水工程施工手册. 北京: 中国环境科学出版社, 2003